J.-B. SAMAT

Promenade en Égypte

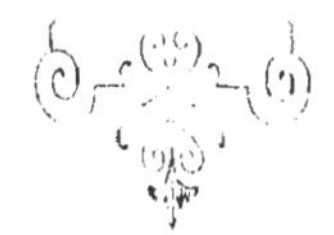

PROMENADE EN ÉGYPTE

J.-B. SAMAT

Promenade en Égypte

DE MARSEILLE A PHILOE

ILLUSTRATIONS PHOTOGRAPHIQUES

PARIS
E. FLAMMARION, éditeur
26, rue Racine

MARSEILLE
E. FLAMMARION et A. VAILLANT
34, rue Paradis

1909

DEUX MOTS DE PRÉFACE

Le 7 décembre 1907, un petit groupe de six Marseillais — dont un Grenoblois — quittait notre ville, s'embarquant pour une excursion en Egypte. Dans un port comme le nôtre, le fait n'a rien d'exceptionnel. On s'étonnera donc qu'un des membres de cette party, *— comme on dit dans les hôtels anglais — ait songé à consigner sur le papier les étapes de cette promenade.*

Après Flaubert, Loti et quelques autres seigneurs de même ou de moindre importance, le besoin de nouvelles pages sur l'Egypte ne préoccupait personne.

Mais voici :

Parmi les six Marseillais (dont deux charmantes Marseillaises), qui s'en allaient ainsi, il y avait un journaliste. Or ce journaliste exerce même (hélas !) en voyage, tout étant prétexte à copie ; c'est l'auteur de ces pages.

Il crut indispensable de faire part de ses impressions aux lecteurs du Petit Marseillais. *On était en hiver, ceux-ci avaient de longues soirées à perdre.*

Ce n'est pas tout !

Les compagnons du susdit plumitif avaient, moralement — si on peut dire — collaboré à ses élucubrations. Tous avaient vibré en commun aux spectacles inoubliables de l'antique Egypte. Trop heureux étaient-ils d'avoir avec eux un scribe, chargé de recueillir sur ses tablettes les péripéties de cette peu hasardeuse, mais instructive expédition.

Double profit pour eux qui n'avaient ainsi qu'à regarder sans se préoccuper de ce qu'ils pourraient retenir, étant assurés qu'ils retrouveraient plus tard, comme en un memento, *le récit de leurs faits et gestes et leurs impressions scrupuleusement notés par leur historiographe.*

N'est-ce pas une façon commode de voyager ?

C'est donc pour eux que tout ceci a été écrit, et voilà enfin le prétexte de ce petit livre.

L'auteur espère, qu'à la faveur de toutes ces circonstances atténuantes on lui pardonnera ces nouvelles descriptions d'un pays, sur lequel on a déjà, croyons-nous, beaucoup écrit.

J.-B. S.

Marseille, janvier 1908.

SUR LE QUAI D'ALEXANDRIE — Photo Detaille

DE MARSEILLE A ALEXANDRIE

On nous avait dit : « Attention ! la Méditerranée est aussi perfide que belle, lorsque vous aurez passé Messine, vous aurez du *bouillon !* » Ah ! les prophètes, qui voulaient à l'avance nous donner le mal de mer ! Depuis la Sicile, calme plat jusqu'à Alexandrie.

Au départ, le mistral semble vouloir nous bercer. Au fait, il n'est si grand navire qui ne soit obligé de céder à la lame, l'*Héliopolis* comme les autres, mais en somme on ne s'en aperçoit guère. La fièvre du départ, aussitôt après le déjeuner dans l'immense salle à manger, blanche et or où prennent place trois cents convives, tout cela distrait, et lorsque, plus tard, on monte sur le pont pour voir défiler les côtes de Provence, on ne songe qu'à admirer le bleu profond de la mer et le bleu léger des collines de Toulon devant lesquelles Sicié étale sa masse couleur de bronze.

Sur notre droite, le soleil descend dans un moutonnement de nuages dorés : la mer s'irise et les flocons d'écume que soulève notre sillage se résolvent en arcs-en-ciel ; l'air est frais ; on aspire à pleins poumons. Nous voilà déjà loin de notre vie coutumière.

Les groupes se forment. Voici M. Pierre Baudin, député et ancien ministre ; M. Maurice Barrès, de l'Académie Française. Tous deux causent appuyés sur la lisse ; soyez sûrs que la politique est étrangère à leur entretien. Notre éminent confrère Paul Adam, secouant sa tête de conquistador, forme déjà des projets gigantesques : il veut aller jusqu'au Nil bleu, où les troupeaux d'éléphants emportent des forêts sur leur passage. M. Pierre Laffitte pense que cela ferait de la bonne copie pour *Je sais tout* ou *Femina*. MM. Jules Huret, du *Figaro*, et Galtié, du *Temps*, sont tout disposés à marcher, — ils en ont bien fait d'autres,— et les dames approuvent, car il y a là un groupe délicieux de jeunes femmes : Mmes Paul Adam, Pierre Baudin, Jules Huret, Pierre Laffitte, dont la présence jette, au milieu du flot des misses et des ladies, une note de vraie élégance et de grâce française.

Notre premier jour de traversée se clôt par un dîner offert, aux invités du bord, par S. E. Nubar Bogos pacha, vice-président du conseil d'administration de l'*Egyptian Mail Company*, et M. Symmons, son directeur, dont la bonne grâce à l'égard de leurs passagers fut inépuisable. La salle à manger du Restaurant, où a lieu le repas, est situé au dernier pont de l'*Héliopolis* ; elle décrit, ce soir-là, des arcs de cercle respectables, à tel point que les violons sont impuissants à contenir la danse des verres, et que plusieurs convives sont obligés de quitter la place avant le dessert.

On se réfugie à l'arrière du navire, dans l'immense fumoir si bien disposé pour que chaque groupe puisse s'y trouver chez soi; le bridge et le poker y sévissent; mais les fanatiques de la mer, ceux qui ont le pied et le cœur marin, préfèrent rester au dehors d'où ils peuvent apercevoir, très loin par l'arrière les feux des Sanguinaires et loin, devant, ceux de Bonifacio.

A minuit, subitement l'éclairage du fumoir s'éteint; les bridges et les pokers restent en panne : *Time, gentlemen !* dit le steward : « Il est l'heure, messieurs ! » N'oublions pas que nous vivons en ce moment sous le pavillon de la libre Angleterre; il faut nous coucher à l'heure réglementaire.

Ce soir-là, il fut difficile de trouver dans sa couchette une position stable. Vers deux heures du matin, cependant, tout se calma, et ce fut sur une mer admirable que se leva le soleil du lendemain, un dimanche.

Dimanche ou lundi ? on perd la notion des dates après un jour de navigation, tellement on est déjà loin de sa vie coutumière, la flânerie devient la plus importante de nos occupations. Allongés sur les chaises de pont, une couverture sur les jambes, un livre à la main, nous ne lisons même pas... mais nous regardons...

A l'arrière, des petites filles lancent le diabolo; un gosse joufflu, ceinturé de grelots, fait en trottant le tour du pont; il remorque une nurse vêtue de bleu ciel et de blanc.

Près du bastingage, des tables, couvertes de tasses de thé et de gâteaux, sont très entourées, cependant qu'un ténor italien, habillé en encaisseur de la Banque de France, essaye de nous faire croire qu'il *vorei morire;* un baryton à la moustache en croc lui reproche, en roulant les yeux, de ne pas l'aimer; à *Sole mio* succède la sérénade de Braga, à la sérénade l'intermezzo de *Cavalleria*. Ah ! nous le saurons par cœur l'intermezzo de *Cavalleria !* Mais dans cette atmosphère si pure, sous ce ciel si grandiosement bleu, cette musique nous berce mollement, on l'entend sans l'écouter tant elle est adéquate à notre état d'âme languissant.

Une sonnerie de cornet à piston secoue, par instants, notre torpeur ; un long steward, sanglé dans un costume noir, parcourt le navire à grands pas. Subitement il s'arrête et tire, de son instrument argenté, un gai rigodon, par lequel il nous invite à une foule de choses, dont les plus fréquentes sont qu'il faut aller à la salle à manger.

Ce dimanche soir, à la sonnerie de sept heures, ça n'a pas traîné, on avait hâte d'expédier le dîner, car nous approchions de Messine. A huit heures, tous les smockings, toutes les dames emmitouflées étaient sur le pont : nous entrions dans le détroit.

Oh ! l'inoubliable décor nocturne ! Déjà les Lipari, vues de loin, et Stromboli, plus près et couronné d'un léger nuage, nous avaient préparé à cette apothéose ; mais quelle joie des yeux et de l'âme, lorsque nous arrivons devant la perle de la Sicile ! A notre droite, la ville, splendidement illuminée, assise au bord de la mer, étend des feux à l'infini ; les flots calmes s'en emparent, les traduisent en sillons lumineux qui viennent mourir près de nous. A gauche, voici Reggio-della-Mare, Santa-Térésa, Reggio-de-Calabre, groupes étincelants de lumignons, où se devinent les quais, les rues montantes, où l'on voit les voitures courir ; par dessus tout cela, un ciel où jamais ne brillèrent tant d'étoiles. A l'avant, Alderaban l'astre bleu, jette sur le détroit une traînée lumineuse ; à ses côtés, au-dessus de la côte italienne, Vénus elle-même pâlit.

Nous demeurons muets d'admiration, confondus par la majesté du décor, par cette profusion d'étincelles, par cette étonnante sérénité de l'atmosphère, par cette profondeur immense de tout ce qui nous entoure et qui nous donne réellement la sensation n'être, nous et notre énorme navire, qu'un atome lancé dans l'espace, et cependant l'*Héliopolis* domine de très haut les quelques voiles que nous croisons, lentement,

LA COLONNE DE POMPÉE A ALEXANDRIE

car la machine à ralenti, et le vaisseau glisse sans bruit comme s'il pénétrait dans un sanctuaire.

Les plus belles pièces ont toujours une fin ; tout cela reste peu à peu en arrière, et Catane, la dernière vue, se perd aussi dans la nuit.

A partir de ce moment la mer fut absolument calme. Au matin, j'ai vu lever le soleil sur l'eau unie comme un miroir, pas la moindre risée. Le steamer navigue sur un beau lac strié d'or et d'argent. Déjà, à cette heure matinale, la température s'adoucit et l'on sent que l'on court vers des terres plus chaudes. Sur le pont, la file des chaises pliantes s'aligne, droite, morne et vide. Des couples d'Anglais, jeunes gens en complets à carreaux, misses en jupes courtes se livrent avec conviction à un footing hygiénique.

A l'intérieur du navire rien n'indique que l'on soit sur mer; pas le moindre balancement, pas de trépidation, sauf, si on écoute bien, le roulement sourd de nos trois hélices, tournant à 380 tours sous l'effort de 15.000 chevaux de nos turbines. Nous marchons, nous marchons même très vite; nous arriverons à l'heure dite, en trois jours et quelques heures, à Alexandrie.

Il est vrai que les dieux nous furent favorables. Eole, sans colère, nous laissa traverser son domaine. Neptune, pour ne pas être en reste, opposa son *quos ego* aux vents du Sud-Ouest, qu'on nous avait prédits, et, au lieu de *bouillon*, nous donna la *bonace*.

Nous avons quitté Marseille le samedi à une heure de l'après-midi; le mardi, à trois heures, nous avons la terre en vue; dans une heure nous serons au port. Les couloirs du navire sont animés, on entend battre les portes des cabines, on boucle les malles. D'autres, moins pressés, scrutent l'horizon et regardent émerger, peu à peu, de la mer bleue, la côte égyptienne.

VILLAGE FELLAH PRÈS DES CHAMPS INONDÉS

D'ALEXANDRIE AU CAIRE

Le phare d'Alexandrie, le premier, nous a signalé la terre, puis une ligne blanche de maisons ; enfin, une côte basse s'étendant dans l'Ouest, langue de terre que jonchent seulement quelques arbres rabougris.

Tout le monde est sur le pont, on a voulu jouir du spectacle de l'entrée, qui n'est d'ailleurs pas banale, car le chenal qui doit nous mener à notre quai d'embarquement est tortueux et difficile, quoique bien balisé. Nous avons d'abord pris le pilote, un vieux turc, tout habillé de noir avec un turban blanc, amené par une barque peinte en couleurs vives, rapide sous la brise qui la couche presque; trois matelots s'appliquent à la manœuvre, tandis que quatre Arabes, accroupis à l'arrière, les contemplent, impassibles, figés dans une immobilité indifférente. Nous avons vu le vieux bonhomme s'accrocher à l'échelle lancée par-dessus bord et se hisser péniblement, mais avec prudence, le long de la haute muraille de l'*Héliopolis*, jusqu'au bastingage, pendant que sa felouque se débrouille tant bien que mal,— mais plutôt mal,— à l'arrière du steamer.

Ce vieux pilote et sa barque furent notre première vision d'Afrique, car Alexandrie vue du large n'offre pas, à ce point de vue, d'aspect particulier. Un grand port, des môles, des cheminées d'usine, des navires très nombreux à l'ancre ou à quai : c'est le décor souvent vu. Mais ce qui nous met en joie, ce sont les petits bateaux qui nous entourent dès notre entrée dans le bassin : yachts à moteur, vapeurs de la douane ou de la santé avec leurs matelots si corrects, barques chargées de portefaix, de crieurs d'hôtel, vêtus de défroques innommables, mais voyantes.

Nous accostons le quai, il est couvert d'une foule énorme où éclate le rouge des tarbouchs, mais où l'on voit de tout : Arabes, fellahs, nègres, officiers anglais en rouge ou en kaki, Européens en vestons, dames en grands chapeaux. Tout cela crie, grouille, s'agite, interpelle le bord. De temps en temps, un remous de la foule, ce sont les agents de police qui défendent notre échelle de coupée; on assiste à quelques jolis passages à tabac.

Tout à coup la force publique est débordée, et nous voilà, comme dans l'*Africaine*, envahis par des hordes sauvages. En un clin d'œil, le pont de l'*Héliopolis* est couvert d'une tourbe hurlante qui court au hasard, en bousculant tout, s'engouffre dans les descentes et semble vouloir tout mettre au pillage. Je ne sais comment nous en serions sortis sans les hommes de l'agence Lubin, que M. Gavot, son directeur à Marseille, avait mis à notre disposition avec une extrême obligeance. Grâce à ces solides serviteurs, nous avons tout sauvé et nous avons pu descendre à terre. Mais il fallait voir comment les valises, les sacs disparaissaient, lancés par dessus bord, amarrés au petit bonheur, et dégringolaient sur la tête des gens du quai !

Là, nouvelles discussions avec d'obséquieux porteurs, — mais force reste aux hommes de l'agence Lubin. Nous lais-

PAYSANS FELLAHS AU REPOS — Photo Delaille

sons nos colis à leur garde, et bientôt une automobile nous emporte rapidement, vers notre hôtel, à travers de grandes rues éclairées de beaux magasins.

Nous n'avons fait que toucher barre dans cette jolie ville, presque entièrement bâtie à l'européenne, et neuve d'ailleurs, puisque le bombardement de 1882 l'avait en grande partie détruite. Cependant, sur la foi des Bædeker, nous avons voulu voir la colonne de Pompée, le plus ancien des monuments d'Alexandrie; l'intérêt en est médiocre. Lorsque, après avoir payé deux piastres à un vieux gardien, on arrive sur le plateau où se dresse le vieux fût de granit, on constate avec déception qu'il n'y a là pas même un point de vue sur la ville.

Nous ne nous sommes guère souciés des autres antiquités d'Alexandrie; nous avions soif d'orientalisme, nous avions hâte de voir le Nil, les Pyramides, Alexandrie n'étant encore pour nous qu'un faubourg de Marseille. C'est pourquoi, au matin, nous avons pris le train du Caire.

Ce train n'est pas un train de luxe, oh ! non, bien qu'il soit orné d'un vagon-restaurant; le matériel en est vieux et d'une propreté relative. En voyage il faut se faire à tout.

Nous avons choisi le train de jour pour bien voir le paysage. A dire vrai, il ne nous a, ce jour-là, guère étonné, car le pays, entre Alexandrie et le Caire, est d'une monotonie incontestable. Des canaux, des étangs, des plaines de salicornes qui nous donnent, par instants, l'illusion absolue de la Camargue. Le delta du Nil n'est cependant pas comme celui du Rhône un quasi désert. Ce sont, tout le long de la voie, des terres cultivées, des champs de sorgho, de cotonniers, de légumes, où une population, remarquablement nombreuse, laboure, sarcle, plante, travaille de toutes façons, en pataugeant dans l'eau ou dans le limon. D'autres conduisent des buffles, des ânes ou des chameaux chargés d'énormes tas de choux-fleurs ou de roseaux. On sent que cette terre est d'une fécondité admirable, que les hommes s'ingénient à lui faire rendre son maximum, car pas un pouce n'y est inculte, sauf les chemins, étroits et poussiéreux, où nous voyons des groupes nombreux défiler, hommes, femmes et enfants, à pied, à âne, à dos de chameau.

Fréquemment un village apparaît, amas de huttes, en terre grise, couvertes de fumier, de paille ou de roseaux, où l'on entrevoit des bandes d'enfants, vautrés dans une fange noire, au milieu des poules et des canards.

Cette vie intense du delta du Nil est pour nous une vraie surprise, mais aussi une leçon : elle nous montre, dès le début de notre voyage, l'étonnante richesse de cette terre qui possède, en outre de son admirable fécondité, une population agricole à laquelle il ne manque que de s'adapter un peu au progrès actuel, car elle est dure à la besogne, douée d'intelligence et d'activité. Les fellahs sont en somme les vrais Egyptiens et les descendants des premiers occupants du pays ; cette grande race devrait donc en réalité occuper le premier rang en Egypte, parmi toutes celles qui y vivent et y prospèrent, mais elle n'en est que la plèbe.

Et, cependant, c'est à ces braves gens que l'Egypte doit son incontestable richesse. Le fellah travaille toujours, — nous le jugerons encore mieux en remontant le Nil quand nous le verrons remplir ses *chadoufs*,— il sème et, s'il récolte, ce n'est pas pour lui, car il est exploité, il ne lui reste pas grand profit de son activité. Il est, d'ailleurs, habitué à l'oppression ; depuis six mille ans qu'il est là, combien de fois a-t-il changé de maîtres ? Mais comme tout bon Oriental, le fellah ne se laisse guère aller au raisonnement ou à la réflexion : il est et reste paisible et doux.

On ne peut se défendre à l'égard de cette race d'une véritable sympathie. Et d'ailleurs, son aspect prévient en sa faveur. De haute taille, svelte et délié, le cou long, les trais accusés et un peu durs, mais souvent nobles, le fellah a toujours de l'allure, même lorsque vêtu de sa galabié de cotonnade bleue et coiffé d'un simple bonnet de feutre brun, il cultive son champ ou balaie une rue du Caire. Il devient même élégant lorsqu'il flâne dans les bazars, avec son turban d'un blanc impeccable, sa robe de couleur tendre et son caftan bleu sombre sur lequel il semble que la poussière n'ait pas de prise, et Allah sait s'il y a de la poussière en Egypte !

Parmi les milliers que nous voyons en passant travailler la terre, bien rares sont les musards, tous s'occupent ou se déplacent. Les gares, très nombreuses, où s'arrête notre train, sont extraordinairement encombrées d'une foule de paysans, la plupart lourdement chargés, et de voyageurs plus aisés, l'air paisible, gai et confiant de gens qui vont à leurs affaires.

C'est notre premier contact avec cette noble race, si la noblesse tient à l'ancienneté des titres ou au travail utile : chaque jour de notre voyage nous fera davantage apprécier son mérite.

MARCHANDS D'USTENSILES DE CUIVRE AU CAIRE Photo Detaille

LES RUES DU CAIRE

Le Caire, tel qu'on le voit de la gare à l'hôtel, c'est à la fois Paris et Nice. Paris, par ses boulevards bâtis à l'européenne, ses splendides magasins aux enseignes françaises, son extraordinaire animation. Nice, par ses larges avenues ombragées, bordées de belles villas, son ciel bleu, son clair soleil. Mais cette impression n'est que passagère.

Dans les environs de l'Esbekyeh ou de l'Ismaïlyeh, les quartiers neufs, la chaussée est sillonnée de voitures, d'omnibus, d'automobiles du plus pur style ; sur les trottoirs des camelots innombrables importunent l'étranger. Mais tous les cochers portent le tarbouch, tous les camelots le turban et la robe, et c'est ce qui conserve à cette belle capitale, de près d'un million d'habitants, son caractère essentiellement oriental.

Le spectacle y est pittoresque, même pour celui qui, à la terrasse du Continental ou du Shepeard, regarde grouiller tout ce monde. Ce sont des vendeurs de tout : cartes postales, courbaches en peau d'hippopotame, écharpes pailletées d'Assiout, plumes d'autruche, journaux, allumettes, faux timbres-poste pour collections, colliers en verroteries, antiquités toutes neuves, marchands de limonade portant sur le ventre une énorme cruche en grès et attirant la pratique en battant deux petites soucoupes de cuivre; montreurs de serpents cobrahs, d'orvets, d'iguanes et de scorpions. Drogmans d'occasion, quémandeurs de toutes sortes, entremetteurs plus discrets qui vous proposent à l'oreille des distractions de tout genre, au juste prix, et avec une insistance inconcevable. Foule bariolée obsédante, tourbe énorme au milieu de laquelle circulent les agents de police, les *chaouch*, dans leur tenue noire, extrêmement corrects, raides et luisants.

On a des surprises amusantes : Un saïs, courant devant une voiture splendidement attelée; de magnifiques limousines avec un cawas étincelant de dorures à côté du chauffeur, et à l'intérieur des femmes vêtues de noir et voilées.

C'est une noce arabe, précédée de porteurs d'enseignes, de musiciens plus bruyants qu'harmonieux, d'une foule gaie, au milieu de laquelle des bouffons, coiffés de grotesques en carton, se livrent à des facéties sans doute spirituelles. Un coupé suit avec des femmes; un autre couvert de tapis, il est hermétiquement clos, c'est celui de la mariée; enfin, deux ou trois autres voitures dans lesquelles dominent les enfants. J'en compte cinq sur un siège avec le cocher.

Les noces défilent au pas et lentement sur la chaussée, mais les enterrements vont au galop. J'en ai vu un hier soir; deux porteurs de torches, un saïs en veste rouge soutachée d'or et large culotte blanche les suit : après eux, le char funèbre blanc et or, orné à profusion : à côté du corbillard, deux autres porteurs de torches, — tout cela au galop, à toute vitesse, les premiers poussant des cris assourdissants pour faire ranger les gens, et les gens se rangent tranquillement.

S. A. LE KHÉDIVE TEL QU'ON LE VOIT PRESQUE TOUS LES JOURS AU CAIRE

Ici le piéton ne réclame jamais : le musulman professe à l'égard des petits incidents qui viennent troubler son existence la plus profonde indifférence et la plus belle impassibilité. Il n'y a, pour s'en convaincre, qu'à se promener quelques heures dans le vrai Caire, au Mousky la grande artère marchande, ou dans le quartier Rosetti, où certaines rues n'ont pas quatre mètres de large, où tous les éventaires empiètent sur la chaussée, et où cependant, les voitures et les omnibus — drôles d'omnibus, semblables à des tombereaux — circulent sans souci de l'énorme population qui encombre la voie. Le verbiage des cochers est continuel; ces braves gens ne crient pas comme les nôtres, ils interpellent amicalement le piéton, qu'ils bousculent parfois très brusquement : « Marche, monsieur, marche à ta main, à droite, à gauche. Prends garde à ton pied, descendant du prophète ! Attention, charmante fiancée ! » et le cocher est tellement habitué à parler tout le temps que lorsque la route est libre il ne cesse d'encourager ses chevaux de la voix, à moins qu'il ne rencontre un passant, auquel cas il se croit obligé de lui adresser un amical bonjour ou une plaisanterie.

Malgré l'encombrement des rues, il y règne un ordre relatif. Il y a, à tous les carrefours, de beaux agents de police, et malheur à celui qui ne respecte pas le bâton blanc, ils ne plaisantent pas les sergots du Caire, on voit que les Anglais sont passés par là.

Mais ces rues de la ville arabe, il vaut mieux les parcourir à pied, la flânerie y est délicieuse, pleine d'aperçus et de sensations inattendus, car rien de ce que nous avons déjà vu en Europe, même dans les Expositions où l'on prétendait nous montrer de l'exotisme, ne peut en donner la plus faible idée.

La plèbe énorme encombre les rues sans trottoirs, on y coudoie toutes les races : fellahs grands et élancés, coiffés du turban blanc et vêtus de longues robes; Coptes en turban noir ou brun; Bédouins marchands de chameaux, en burnous, aux visages fins et rudes; noirs Soudanais, la tête encapuchonnée; femmes fellahs uniformément vêtues d'étoffes noires, dont on ne voit que les yeux rendus plus brillants par le khol et par le bijou doré qu'elles portent sur le front. Elles ressemblent à des sacs de charbon. Quelques-unes portent leur petit dernier à cheval sur l'épaule gauche, ou s'accompagnent d'enfants extraordinairement sales, aux yeux bordés de mouches qu'ils ne se soucient pas de chasser. Tout cela va, vient, palabre, discute, s'arrête aux étalages près desquels les marchands font le boniment, écrivent leur correspondance, fument le narghilé, boivent du café ou mâchent des cannes à sucre dont ils crachent les débris sur les passants.

UN COIN DE MARCHÉ AU CAIRE Photo Detaille

Au fond de petites boutiques noires de crasse ou de fumée, des cordonniers battent le cuir, un boucher fait griller des brochettes de mouton, un juif vante à des femmes des bijoux en toc. Accroupis sur les côtés de la rue, quelques-uns vendent sur des plateaux des nourritures innommables, fruits ou légumes bouillis, grains torréfiés; l'un d'eux étale quatre petites assiettes de soupe aux vermicelles où nagent des mouches. Une horrible vieille nous offre dans sa main noire et sèche du maïs cuit. Des colporteurs parcourent la foule en criant leur marchandise, débitants de cannes à sucre, confiseurs, — si on peut dire — , vendeurs de pâtisseries écœurantes, nougats poussiéreux, objets en sucre peints de cou-

LES ANIERS — Photo Delalle

leurs voyantes. De temps en temps il faut s'écarter vivement pour laisser passer une charrette traînée par un âne, et sur laquelle des fellahines chantent pour se distraire, ou un chameau tellement chargé qu'il bouche la rue et emporte les choses pendues aux étalages.

Des cris, des grognements, du bruit ! Les appels des vendeurs et des camelots, la mélopée des aveugles si nombreux, les vociférations des conducteurs de bêtes, les crécelles des marchands de limonade ou d'eau fraîche. Jetez tout cela dans les ruelles que bordent de petites échoppes sombres dont les devantures mordent sur la rue et que surmontent des moucharabis curieusement découpés; colorez tout cela de la lumière la plus violente, qui fait éclater en tonalités outrées les vêtements de toutes couleurs de la foule, les oripeaux qui ornent les devantures, les grappes de sandales rouges ou jaunes, les étoffes criardes, les quartiers de viande; estompez le tout de vols innombrables de mouches et d'une impalpable poussière; ajoutez-y une atmosphère empuantie des odeurs les plus disparates : parfums frelatés et rôtisseries, fritures rances et pastilles du sérail, détritus de toutes espèces, relents de toutes sortes; surmontez tout cela d'une bande de ciel bleu, fichez un minaret rose et délié au bout de la perspective, et vous n'aurez encore qu'une idée du tableau auquel nous avons pris un plaisir intense.

Nous avons voulu revoir, le soir, ces vieilles rues. C'est au moment du crépuscule qu'elles revêtent, avec une apparence de mystère, un espèce de sauvage grandeur, au moment où le ciel se dore, rougit, puis s'éteint et que les lampes fumeuses s'allument au seuil des échoppes.

A cette heure-là, des marchands accroupis devant leurs boutiques font leur prière, figés dans leur pose, les mains sur les genoux, les yeux levés au ciel; ils demeurent impassibles, et notre curiosité tant soit peu indiscrète ne les trouble nullement.

UN CHARGEMENT DE FELLAHINES [illegible]

LES MOSQUÉES DU CAIRE

En parcourant les rues du Caire, nous avons rencontré une foule de grandes et petites mosquées. Nous avons pu souvent, par leurs portes ouvertes, entrevoir des musulmans accroupis, immobiles ou se balançant rythmiquement. Nous avons vu dans la perspective des petites rues se dresser des minarets, les uns pointus et carrés comme des clochers; les autres fins, déliés, si délicats, qu'il semble que le muezzin, en se penchant sur son balcon, va les faire tomber. Quelques-uns, fort anciens, sont curieusement ouvragés; d'autres, peints en bandes horizontales jaunes et rouges; tous, suprêmement élégants, se découpent gracieusement dans le ciel pur.

Visiter toutes les mosquées du Caire serait vouloir, à Rome, visiter toutes les églises : elles sont trop. Notre tournée s'est bornée aux plus belles et aux plus importantes.

C'est le matin que nous sommes montés à la citadelle où se trouve la mosquée de Mehemet Ali. De petits chevaux nous emportent rapidement par le Mousky toujours si animé, puis par des rues étroites, montantes et poussiéreuses, vers une côte assez dure que nos braves bêtes enlèvent en un trot rapide sous les encouragements que leur prodigue notre cocher.

Une belle porte voûtée donne accès dans l'enceinte, construite, en 1176, par le sultan Saladin, avec les pierres des petites pyramides de Gizeh, — aujourd'hui, il y a là un poste de soldats anglais. Ce sont des highlanders, mais ils ont remplacé le kilt par un affreux pantalon à carreaux verts; ils n'en ont pas moins grand air sous leur casaque rouge, leurs buffleteries et leurs casques blancs.

Au moment où nous passons devant le poste, la sentinelle, le plus correctement du monde, nous présente les armes. Nous aurait-il pris pour de grands personnages ? Est-ce pour les dames ?

C'est sur une vaste esplanade, unie, que s'ouvre le porche de la mosquée. Abdelcid, notre drogman, un magnifique bédouin parlant admirablement le français, aborde avec respect ce lieu de prières; il nous fait jeter nos cigarettes et préside lui-même à une petite cérémonie qui se renouvellera à l'entrée de chaque sanctuaire. Des portiers assis sur le seuil nous chaussent de larges sandales : il ne faut pas que le pied de l'infidèle touche le sol sacré réservé aux descendants du Prophète.

La mosquée de Méhemet Ali n'est pas ancienne, puisqu'elle date du milieu du XIXe siècle; elle fut construite à la place d'une autre incendiée, et domine le Caire comme Fourvières domine Lyon, avec un autre caractère toutefois; car ce temple est de proportions grandioses, harmonieuses, et sa coupole, aux courbes nobles, s'accompagne de deux minarets étonnamment longs, minces et élégants.

On l'appelle la mosquée d'albâtre. Et en effet, toutes les murailles intérieures du monument sont revêtues d'albâtre de

PRÈS DES TOMBEAUX DES MAMELUCKS — Photo Détaille

mauvaise qualité, dont la plus grande partie a été prise, dit-on, au revêtement de la pyramide de Képhren.

Les colonnes de la cour extérieure sont aussi en albâtre, et cette cour est très accueillante, très reposante, avec ses arcades arrondies et sa fontaine aux ablutions du plus pur style arabe.

Quel spectacle de grandeur et de majesté lorsque nous pénétrons à l'intérieur ! L'énorme sanctuaire est de style byzantin. Il s'arrondit sur nos têtes en une prodigieuse voûte que soutiennent quatre énormes piliers carrés. Les proportions de ce vaisseau, la pureté de ses lignes, la richesse de son

UNE RUE DU CAIRE — Photo Detaille

ornementation dorée, la profusion des lampes suspendues à la voûte, l'éclat des vitraux que traverse le soleil, l'étendue et l'épaisseur des tapis sur lesquels nous marchons sans bruit, tout cela est d'une beauté surprenante et qui nous laisse confondus, béats, parce que nous ne trouvons pas d'expression pour traduire notre ravissement. Il faut pourtant s'arracher à ce décor des mille et une nuits. C'est à regret que nous le quittons pour aller regarder le panorama de la ville.

Nous contemplons le Caire du haut d'une petite terrasse, très étroite, proche d'un kiosque, entouré de jardins où furent conclus, nous dit Abdelcid, les premiers accords entre le pacha d'Egypte et Ferdinand de Lesseps.

La ville s'étend à nos pieds, grise et brune, enveloppée d'un voile de poussière, avec ses rues animées, ses terrasses, ses coupoles et ses minarets, avec le Nil à l'horizon, et au-dessus du fleuve, les pyramides de Giseh qui se détachent nettement dans la brume...

Après la plus neuve des mosquées, nous avons vu les plus anciennes, rapidement. C'est celle du sultan Hassan, qui date du XIIIe siècle, pour le moment désaffectée et livrée aux maçons qui la réparent; puis celle d'Ibn-Touloun, la plus vieille de toutes. Les murailles d'Hassan voisinent avec celle de la mosquée Rifhyeh, de chaque côté d'une rue montante, et pendant quelques secondes nous avons la vision des hauts remparts du château des Papes d'Avignon : la construction est identique.

Nous avons visité encore une antique mosquée, celle-ci tout à fait abandonnée, c'est dans le vieux Caire celle du sultan Amrou.

Un gardien indolent nous a laissé franchir le seuil rouge sans nous chausser de babouches. Nous pénétrons librement dans la cour, troublant la quiétude d'une énorme assemblée d'oiseaux de proie, milans noirs, éperviers, faucons et buses, qui, à notre aspect, s'enlèvent à grand fracas; quelques-uns se posent sur les murs de l'enceinte, nullement effrayés; ils assisteront de là à notre visite: les autres ne cessent pas de tourbillonner en criant au-dessus de la place dont nous les avons chassés.

Ce vieux temple, que seuls les rapaces habitent encore, est extrêmement pittoresque. Sa fontaine aux ablutions est à demi ruinée, mais deux hauts palmiers et un laurier touffu l'ombragent, l'enveloppent et la plongent dans une demi-teinte mélancolique. Le sanctuaire ne voit plus de fidèles, il est désaffecté: mais Abdelcid ne le considère pas avec moins de respect : il nous montre un pilier où la nature a gravé un verset du Coran ineffaçable: on a tourné le marbre noir en colonne; la colonne s'est usée depuis des siècles, la trace indélébile du verset sacré est toujours aussi profonde. Plus loin, deux colonnes jumelles attestent une autre légende: l'espace qui les sépare n'est large que d'une palme, mais l'homme juste, quelle que soit sa taille, passera au milieu, tandis que l'infidèle, l'incroyant, fût-il filiforme, ne saurait franchir le passage. Aucun de nous n'a osé tenté l'expérience, nous avons préféré garder nos illusions sur nos vertus respectives et sur celle des colonnes jumelles.

De toutes les mosquées vues au Caire, la plus intéressante fut pour nous celle d'El-Azhar, « La Fleurie », qui date de 973. C'est aujourd'hui l'Université, et cette Université est une des premières du monde musulman, — n'oublions pas que nous sommes ici dans la capitale de l'islamisme, — et de toutes les parties du monde arabe, c'est à El-Azhar que l'on vient étudier.

Nous avons, à notre entrée, failli créer un incident diplomatique. Une de nos compagnes de voyage ayant voulu prendre un instantané, des protestations énergiques se sont élevées et l'appareil a dû rentrer dans son étui.

Déjà, pour atteindre la porte, nous avons dû percer une foule très dense d'allants et venants, de curieux, de marchands de pâtisseries qui encombrent la petite place où s'ouvre le porche. Le vestibule est encombré de fidèles et d'étudiants. C'est même avec peine que nous pouvons arriver dans la cour, vaste esplanade ensoleillée, entourée d'arcades de style persan sans grand caractère.

CARAVANE DEVANT LES TOMBEAUX DES MAMELUCKS — Phot. Detaille

Des groupes très nombreux l'occupent, sans souci de l'ombre et du soleil. Ce sont surtout des jeunes gens et des enfants qui lisent, prient, dorment, causent ou mangent, car la plus grande liberté paraît régner dans cette enceinte: la cour, cependant, semble être plutôt un lieu de repos que de travail.

C'est dans le sanctuaire, vaste hall soutenu par 180 piliers, que l'on paraît s'occuper sérieusement : Un petit garçon d'une dizaine d'années en fait réciter un autre beaucoup plus jeune. Il tient à la main le Coran, dont il suit le texte du doigt; tous deux se balancent d'avant en arrière, mais lorsque le petit se trompe ou hésite, une bonne bourrade de son moniteur le rappelle au respect du texte.

Des jeunes gens, accroupis en cercle, écrivent, sous la dictée de l'un d'eux, une question tout au haut de leur feuille blanche; ils réfléchissent quelques instants, puis écrivent la réponse tout au bas.

Au pied d'un pilier, un professeur fait son cours, il parle à voix basse, familièrement, sur un ton de causerie; son auditoire l'écoute avec attention; puis il pose des questions qui se succèdent très rapides, auxquelles il est répondu de même, de l'un à l'autre, sans arrêt.

Au milieu des groupes, tourné vers le mihrab, çà et là, un homme prie, prosterné ou debout, les mains écartées; il est recueilli et aucunement distrait.

Cette foule considérable, car il y a 13.000 étudiants à l'Université, est tout à son travail, à sa prière, tout à ce qu'elle fait. Tous ces grands fronts pensifs se courbent avec ardeur sur le Coran, où couve la force de l'Islam, c'est de là qu'ils vont tirer leur science, toute leur philosophie et toutes leurs croyances. Tous ces éléments disparates, dont nous traversons les groupes, arabes, turcs, persans, bédouins, nègres soudanais ou sahariens, sont unis dans une même foi, tous vont rapporter chez eux le savoir que les docteurs leur auront inculqué. Religion, littérature, versification et logique sont ici les grandes sciences enseignées.

Presque tous habitent le Caire, mais quelques-uns sont trop pauvres pour trouver à se loger. L'Université leur donne l'hospitalité. Deux grandes salles leur sont réservées; on n'y voit contre les murs qu'un tas de petites armoires superposées jusqu'au plafond. C'est là-dedans que se trouve le mobilier de l'étudiant. Pauvre mobilier ! Quelques effets, une petite marmite et quelques ustensiles en étain, une natte sur laquelle il couchera à même le sol, car il n'y a pas de lits.

Ici encore une foule nombreuse de jeunes gens s'occupe à des menus travaux de ménage, fouillant leur garde-robe ou faisant leur toilette; notre promenade au milieu d'eux, même la vue des « madames » ne paraît pas les gêner, ils ne nous regardent pas, ou si peu.

On passe de là dans une belle bibliothèque. Tout y est dans un ordre parfait. Les murs sont garnis de hautes vitrines abondamment pourvues. Un vieux à barbe blanche et à lunettes en est le conservateur. Comme tous les bibliothécaires, il grimpe sur son échelle et en descend tout le temps, tire des livres, fourre le nez dedans et paraît ne jamais trouver ce qu'il cherche. Son manège nous amuse quelques instants; puis les allées et venues de quelques studieux élèves; les vitrines basses où s'étalent de beaux manuscrits enluminés, mais tout y est écrit en arabe, ce qui lasse vite notre intérêt.

Pour sortir, nous traversons une grande salle que d'admirables carreaux de faïence éclairent d'une douce lumière bleue. A terre, dans un angle, un professeur et un élève, ce dernier âgé de sept ans au plus; il écrit avec une grande application, puis livre son travail au maître qui sourit légèrement; très satisfait, le petit se lève et sa tablette à la main va la montrer à deux vieillards qui causent à voix basse dans un autre coin. Même sourire approbateur, mais très léger et très bon des deux vieux, même petite tape d'amitié sur la joue, et l'enfant, tout fier, mais calme et impassible, va reprendre son travail.

Tout cela s'est fait sans un mot, avec le moins de mouvement possible; lorsque l'enfant est retourné à sa place, heureux de l'approbation de ses maîtres, il n'a pas gambadé, il n'a pas crié, il n'a pas demandé à aller en récréation, comme aurait fait un petit Français.

LE PONT DE KASR-EL-NIL.

LES PYRAMIDES DE GIZEH

L'Egypte est le pays des pyramides; il y en a sur toute la rive gauche du Nil, depuis le Caire jusqu'à Thèbes; il y en a à Gizeh, à Abousir, à Sakkara, à Darchour, à El-Lecht, dans le Fayoum, un peu partout.

Celles dont la silhouette nous est familière depuis notre petite enfance sont les pyramides de Gizeh, les plus hautes et les mieux conservées. Treize kilomètres à peine les séparent du Caire, le pèlerinage que tout voyageur en Egypte est obligé de leur faire, n'est donc ni long ni fatigant.

On l'accomplit par une belle route qui, après avoir franchi le Nil sur un très beau pont, — le pont de Kasr-el-Nil, — traverse des quartiers poussiéreux, semés de villas en ruines ou en construction et qui rappellent, à s'y méprendre, le terrain d'une grande Exposition trois mois après sa fermeture; puis, file en droite ligne, à travers des champs ensemencés et des plaines encore submergées par les inondations, où paraissent quelques maisons blanches et des villages fellahs, qui se reflètent avec leurs palmiers dans l'eau calme. Çà et là, des vols de canards, de foulques et de vanneaux se déplacent en criant. L'horizon est borné très au loin par des lignes d'arbres.

La route est splendide, elle est très large, en chaussée, ombragées d'énormes acacias lebbakhs, très fraîche, très ombreuse et très animée; on y croise tous les systèmes de locomotion, depuis l'âne et le chameau du fellah jusqu'à la limousine de 40 chevaux qui soulève des flots de poussière.

On aperçoit les pyramides de fort loin, et de loin leurs énormes triangles impressionnent réellement ; ils écrasent déjà de leurs masses le paysage environnant; on les voit grandir peu à peu; on voit peu à peu se former leurs détails; on les voit se refléter sur les eaux et, au moment où on croit y être, on les perd de vue !

Les antiques et sévères monuments sont bâtis sur un plateau assez élevé et presque à pic du côté du Nil. Il faut pour y arriver grimper une côte assez rapide, au bas de laquelle s'étalent des cabarets, des hôtels, des barraques de marchands de cartes postales et de photographies ; une foule grouillante de peuple mal vêtu, de mendiants, d'horribles éclopés, d'âniers et de chameliers, et l'on a l'illusion d'une chose vue bien souvent, d'un lieu de pèlerinage, — où qu'il soit, — avec ses habituels accessoires : il n'y manque que les vendeurs de cierges. Cela nous gâte un peu notre arrivée. Les automobiles qui, devant la terrasse de Mena-House, étalent la rutilance de leurs cuivres, les voiles blancs des Anglaises qui prennent le thé sous les grands acacias, modernisent trop le paysage que nous espérions encore isolé dans sa grandeur.

Pour comble, sur tous les murs, des affiches jaunes annoncent pour la première semaine, dans la plaine de Mena, sous les yeux des quarante siècles, un gymkhana automobile ! O Chéops ! O ombre des Pharaons !

Mais laissons tout cela ; grimpons dans la poussière, encadrés d'une horde de quémandeurs de bagchich jusqu'au plateau où sont bâtis les géants de pierre.

ON DESCEND VERS LE SPHINX

On se trouve alors tout à coup au pied d'une des faces de la pyramide de Chéops, sur une vaste esplanade d'où la vue obstruée, d'un côté par l'énorme et laide muraille, s'étend, de l'autre, sur les plaines, le fleuve et la ville.

Ce premier contact — si l'on veut être franc — est une cruelle déception. Comment ? Voilà donc une des sept merveilles du monde, la seule qui ait résisté au temps ? Cet énorme tas de pierres jaunes à demi-brisées ? Mais où sont les autres pyramides ? Où est le sphinx ? Nous ne voyons rien de tout cela. Il faut, après avoir affrété un âne, contourner cette masse de grès, descendre dans les sentiers de sable fuyant, pour arriver, enfin, devant le monstre accroupi, dont l'aspect est, cette fois, véritablement saisissant.

Avec sa masse de vingt mètres de hauteur, sa tête énorme, haute, fière, son regard fixé sur l'immensité, son léger sourire, le Sphinx a conservé, malgré les ravages du temps et des hommes, une incontestable expression de noblesse et de force. Autour de lui s'amoncellent les sables ; lui-même se dégage d'une énorme cuvette que le vent comble peu à peu. En arrière, maintenant se détachent sur la crête les trois pyramides.

De là, le paysage s'agrandit et s'anoblit ; notre première impression s'atténue. Elle disparaît, enfin, pour faire place à l'admiration, lorsque, du pied de la pyramide de Mykérinos, en regardant vers le Nord, nous voyons devant nous les trois triangles, à nos pieds le Sphinx ; au fond le ciel bleu-turquoise, les champs inondés, et le Caire dans la brume violette.

Le soleil, qui se couche derrière nous, colore toutes ces pierres qui brillent comme l'or pur ou les tache d'ombres bleues. A ce moment, le tableau est véritablement grand. On voudrait s'isoler quelques instants devant ce décor inoubliable ; on voudrait laisser flotter sa rêverie sur ces ruines géantes, demeurer un moment dans le silence et évoquer le temps où tout cela fut édifié, mais comment serait-ce possible ? C'est une véritable fourmilière qui s'agite autour des monstres de pierre, robes blanches des fellahs et des misses, ombrelles, chameaux, ânes, photographes ! Hélas !... Au pied de la troisième pyramide un Anglais a dressé sa tente, et celui-là est le plus heureux ; peut-être lui arrive-t-il quelquefois de se trouver en tête à tête avec le Sphinx, — mais cela doit être rare.

C'est par le côté Sud que l'on devrait arriver aux pyramides ; par là le premier contact serait une vue d'ensemble imposante.

Devant ce décor séculaire, l'esprit cependant demeure indécis. Cette désolation, car pas un arbre n'égaie cette solitude, ces tombeaux immenses, ces temples dévastés et dont l'origine est encore inconnue, ces pierres noires qui émergent

DEVANT LE SPHINX ET LA GRANDE PYRAMIDE

du sable rosé ; ce paysage de mort où vers le Couchant s'étend le désert à perte de vue ; le côté mystérieux et inexplicable de tant d'immenses travaux ; la multitude des souvenirs historiques qui s'y rattachent, depuis la Bible jusqu'à Bonaparte, tout cela monte en foule et confusément à la mémoire. Peut-être sommes-nous seulement surpris de voir si simplement grandioses des monuments devant lesquels tant d'événements historiques se sont accomplis.

Le soleil s'est couché. On revient en foulant des ruines vers l'esplanade. La vue, à cette heure crépusculaire, y est douce; les lointains s'estompent peu à peu dans cette couleur mauve particulière aux ciels d'Orient. Vers le Nord s'assombrissent des futaies de palmiers. En 1799, il y avait là une plaine nue, où Bonaparte livra bataille aux Mameluks.

En revenant vers le Caire, nous faisions un peu contre mauvaise fortune bon cœur. Mes compagnons de voyage étaient sous la même impression : une déception, et cela se comprend. Nous aurions voulu voir les pyramides déblayées des verrues modernes qui les déshonorent, de la foule qui les exploite. D'ailleurs, d'un paysage, dont depuis notre plus tendre jeunesse on nous vantait la sublime grandeur, nous attendions plus qu'il ne peut donner. Notre imagination l'avait tellement amplifié que nous l'avons trouvé au-dessous de ce que nous espérions.

C'étaient là les impressions que nous n'osions nous communiquer. Et quoi ? pensions-nous, en sera-t-il ainsi de toute l'Egypte ? Et les autres vieux monuments que nous sommes venus voir vont-ils aussi ne nous apporter que déception ?

Non ! Cette crainte était vaine. Ce lendemain même nous réservait une admirable dédommagement. Nous allâmes, ce jour-là, aux ruines de Memphis et aux pyramides de Sakkhara.

A BEDRECHEIN ON QUITTE LE NIL POUR ALLER A MEMPHIS

VERS MEMPHIS ET SAKKHARA

Les pyramides de Sakkhara sont moins connues que celles de Gizeh; elles sont d'ailleurs peu élevées et fort délabrées; mais elles sont plus anciennes encore, et l'on s'y rend à travers un paysage merveilleux.

Au matin, nous embarquons, à Gézireh, au bout du pont de Kasr-el-Nil, dans un très confortable canot automobile, appartenant à la Nile Motorboat Company. Cette société compte six petits yachts très gracieux; elle est formée par les concierges des principaux hôtels du Caire...

Nous sommes fort bien installés à bord de l'*Aïda* ; mais nous débordons au milieu d'un brouillard très épais ; on n'y voit pas à dix mètres. Il est vrai que notre pilote, un Nubien horriblement grêlé, nous mène doucement et prudemment; mais je ne suis pas tranquille au milieu de cette ouate humide où, à chaque instant, nous croisent, à peine visibles, d'énormes bateaux.

Au sortir du Caire, la brume disparaît comme par enchantement; l'air devient subitement très clair et les deux rives du Nil nous apparaissent. Pour la première fois s'évoquent les paysages légendaires, le *Bord du Nil*, dont tant de peintres ont abusé. C'est le site classique, les palmiers se mirant dans l'eau; les petits marabouts, rayés de rouge, avec leur minaret; les chameaux défilant sur la berge, tout cela se détachant sur un ciel d'une pureté inouïe.

Ce qui surprend et amuse c'est l'animation constante des rives et du fleuve même; c'est la densité de la population s'agitant sur les bords, qui, hélas ! aux environs du Caire, commencent à se moderniser, des cheminées d'usine écrasent de leur laideur les gracieux minarets, et à l'endroit où, dit-on, fut retrouvé Moïse, une pompe à vapeur fait entendre un halètement continuel.

Mais ce qui donne au Nil son véritable caractère, c'est le nombre des bateaux qui le sillonnent. Les uns, descendent mollement le courant, d'autres traversent; la plupart, à cette heure matinale, leurs grandes voiles étalées en ciseaux, remontent en profitant de la brise qui souffle assez fraîche du Nord, et les pousse rapidement.

Bien que nous étalions nous-mêmes fort gentiment le courant, nous nous laissons quelquefois dépasser par ces grandes barques aux formes archaïques, noires et sales, mais qui évoluent avec une facilité extraordinaire. Quelques-unes sont vides; l'équipage dort sur le pont ou flâne. D'autres sont couvertes de hauts chargements de fourrages, de cannes à sucre, de légumes, de poteries. C'est un va-et-vient incessant qui nous accompagne pendant toute notre excursion, et que nous retrouverons, d'ailleurs, tout le long du Nil jusqu'à Assouan.

Cette délicieuse promenade de 35 kilomètres s'accomplit en deux heures et demie. Nous débarquons auprès d'une petite station, appelée Bedrechein, où nous enfourchons nos ânes.

Nous allons d'abord voir la place où étaient les ruines de Memphis, ruines aujourd'hui à peu près ensevelies sous les apports du Nil.

PAYSAGE AUPRÈS DES RUINES DE MEMPHIS

Ah ! que cette promenade à travers les bois de palmiers, les jardins touffus où les cassies et les roses embaumaient, fut gaie. Le chemin est poussiéreux, mais il serpente à l'ombre d'arbres grands et élégants, à travers des terrains à demi-inondés, d'où l'eau vient à peine de se retirer, où des hommes, qui sèment et hersent, enfoncent à mi-jambe.

L'ombre des palmiers, sous la voûte qu'ils forment très haut, est fraîche et transparente. Combien sont gracieux leurs troncs jamais droits, mais légèrement penchés, selon des courbes très tendues et très harmonieuses. Nous n'avions jusqu'à ce moment-là vu des palmiers qu'en petits groupes ou isolés, et nous les avions trop facilement qualifiés de balais; en masse, rien n'est plus imposant que cette réunion de colonnes que couronne une voûte vert tendre.

Notre guide nous montre, sous les arbres, le visage vers le ciel, un colosse de granit, un Ramsès II naturellement, qui est là depuis des siècles, mais nous regardons le paysage. Au premier plan un étang calme, au bord duquel une femme fellah accroupie attend que son âne ait fini de boire. Devant elle, des foulques s'ébattent et nagent sans peur; elles étoilent de noir le bleu de l'eau, et le reflet d'un village blanc et brun qui s'étale au loin sur la rive. Tout autour, des lignes de palmiers dont beaucoup émergent de l'étang, des bandes d'arbres, se coupant, se heurtant, bleues au loin, vert cendré près de nous; un ensemble d'une tonalité fine et chaude sous un ciel de turquoise. Tout est d'une suprême harmonie et d'une splendide noblesse de lignes.

Sous le feuillage une herbe fine pousse; qu'il ferait bon de s'étendre là, dans la position de Ramsès II, de se laisser vivre en suçant des oranges que nous offrent des enfants à demi-nus, et de rêver dans le parfum des cassies et des roses, en regardant à travers les palmes fines le ciel bleu et le vol des éperviers ! Mais il faut marcher.

A mesure que nous avançons, les effets varient à l'infini. Ce sont toujours des palmiers bleutés, ce sont des bosquets de palmiers nains ou plutôt jeunes, très touffus et très verts; ce sont, au milieu des plaines inondées, des promontoires où s'égrènent le pied dans l'eau les derniers arbres d'un bois. Au bord de la route, qui s'en va comme au hasard à travers la plaine fertile, c'est une noria abandonnée à l'ombre d'un immense cassier. C'est, enfin, la terre unie, brune, grasse, d'où l'eau se retire peu à peu, et dont les travailleurs ont déjà pris possession. Puis, subitement, tout change. Nous quittons la vallée du Nil, la fraîcheur, les jardins; nous voici dans le désert.

Du sable et encore du sable, une dune où nos ânes enfoncent, un soleil de plomb, et rien autre. Derrière nous, les champs fertiles, vivants et riants; en avant, le vide et la solitude.

LES MONTURES ATTENDENT LEUR MAÎTRE

C'est là que nous avons visité notre premier tombeau égyptien, celui de Monsieur Ti, architecte en chef des rois Neferrer Kerré et Nous Erré, un personnage ! Son tombeau est entièrement revêtu intérieurement de bas-reliefs du plus grand intérêt, représentant les scènes familières de la vie du mort, ses plaisirs, les travaux champêtres; tout cela est admirable de vie et de vérité et de finesse d'exécution. Nous verrons cependant à Thèbes beaucoup mieux; laissons donc Ti à son repos éternel et allons tout de suite à la maison de Mariette prendre du café et surtout un verre d'eau fraîche. Ici l'eau est rare : on la sert avec parcimonie, versée dans le verre et sans *déguster*, elle est délicieuse.

Cette maison basse, longue, construite mi-partie en bois, est le refuge des touristes: elle fut l'habitation de Mariette pendant plusieurs années. Quel profond amour de la science n'a-t-il pas fallu au grand savant français pour vivre au

RETOUR VERS LE NIL

milieu de ces monticules de sable jaune, de ces dunes stériles où rien ne venait réjouir les yeux ? Rien, pas un être vivant, sauf quelques Arabes, car à son époque il n'y avait pas encore, en Egypte, des gens comme nous et des Cook's.

Mais Mariette avait la foi et il travaillait sous terre. Ici, il a mis à jour le *serapeum* ou sépulture des bœufs Apis. Immense souterrain, où nous sommes descendus à la lueur de bougies fumeuses, nous y avons vu les vingt-quatre chambres voûtées dans chacune desquelles demeure un grand sarcophage en granit noir ou vert qui renfermait la momie du taureau sacré.

Ces blocs creusés et couverts d'inscriptions mesurent 2 mètres 30 de largeur, 3 mètres 30 de hauteur et 4 mètres de longueur. L'un d'eux est resté dans le couloir qui mène aux chambres: il a laissé sur un des côtés de l'étroite galerie à peine le passage d'un homme. Comment donc ceux qui l'ont transporté là ont-ils pu manœuvrer cette masse de soixante mille kilos ? Et comment ont-ils pu, dans un espace si resserré, amener à leur place ces énormes cercueils de pierre ?

Tout ici est colossal. Tout y est mystérieux. Pourquoi tant de travaux pour les bœufs, exécutés à une époque même où la foi antique des Egyptiens s'affaiblissait ? Pourquoi tant de précautions pour cacher leurs dépouilles ? Cela n'a pas empêché le pillage. Les envahisseurs grecs, romains et arabes sont descendus dans la nécropole, qu'ils ont fouillée et dévastée; ils ont soulevé les gigantesques couvercles de granit, n'oubliant, par le plus grand des hasards, qu'une chambre, celle que Mariette ouvrit en 1851 : elle était absolument intacte.

Le grand savant raconte lui-même sa découverte, et la joie intense qu'il éprouva en retrouvant encore, sur le ciment qui fermait le caveau, l'empreinte des doigts du maçon qui, trois mille ans plus tôt, l'avait scellé ; sur le sable, à l'intérieur, subsistait encore la trace des pieds des derniers qui l'avaient quitté.

Autrefois, une allée de Sphinx conduisait du Serapeum au Nil : Mariette la mit au jour; on a négligé ces vestiges, et le sable les a recouverts; ils sont là-dessous, peut-être pour toujours.

Des ouvriers continuent à fouiller le sol, ils fouillent sous toutes les protubérances de la plaine, sous tous les tas de cailloux, sous la pyramide à étages, la plus vieille de toutes, et chaque jour amène de nouvelles découvertes.

Nous avons vu en passant ces trous béants qui étaient des tombeaux, et où, de plus savants que nous, reconstituent l'histoire de l'antique Egypte. Pour nous, nous n'avons maintenant qu'un désir, reprendre le chemin de Memphis, la route à travers les palmiers et les champs inondés, parmi le parfum des arbres en fleurs.

Seul nous arrête un aigle, un aigle énorme ; il plane à quelques mètres à peine au-dessus de la pyramide à étages, doré par le soleil, immobile dans le ciel clair. Il est si près de nous qu'on suit tous les mouvements de sa tête. Il nous regarde ainsi de haut, sans méfiance. Plus fatigués que lui, nous l'avons laissé, impassible dans l'azur.

Ce retour au Nil fut joyeux. C'était un vendredi, jour de congé ; le chemin était encombré de jeunes gens et d'enfants en tarbouch, très bruyants. Sur les bords du fleuve, à cette heure crépusculaire, des femmes traversaient à la file de petites flaques, soutenant d'une main leur cruche ruisselante sur la tête, de l'autre se retroussant de plus en plus haut selon la profondeur de l'eau.

EN DESCENDANT DE SAKKHARA

SUR LE NIL VERS ASSOUAN

Pour celui qui veut bien voir l'Egypte, Assouan est une excursion obligée. Ce n'est pas que cette petite ville soit riche en monuments antiques, mais c'est, pour ainsi dire, le bout de l'Egypte. C'est le commencement du désert soudanais. C'est une ravissante oasis entre les plaines de sable des chaînes arabique et lybique, au milieu des amoncellements de granit noir, rose et vert : c'est l'île de Philæ, c'est la première cataracte.

Pour arriver à Assouan, nous avons pris le Nil; nous avons remonté le fleuve sacré pendant deux jours, c'est-à-dire depuis Louqsor, que nous reverrons en descendant. Un confortable steamer, sur lequel flottent les pavillons égyptien, allemand, anglais et américain, et que poussent à l'arrière des roues à aubes, nous amène tout doucement sur l'eau très tranquille.

Cette remontée ne se fait pas très vite; elle est monotone, mais jamais ennuyeuse. La coloration des montagnes qui, de roses qu'elles étaient le matin, deviennent dorées pendant le jour pour se rosir encore le soir; les plaines verdoyantes et très fertiles qui bordent la rive, la vie intense qui se meut sur les bords, tout cela fait prendre plaisir à un spectacle qui paraît toujours le même, mais dont le soleil et la limpidité de l'air se chargent de varier les effets à l'infini.

La population de la vallée du Nil est extrêmement dense; elle grouille tout au long des rives et dans les champs de sorgho et de céréales. Sur les berges se succèdent sans interruption les sakiéhs ou norias primitives, construites en bois, tournées par des chameaux ou des buffles, et les *chadoufs*, puits à étages, où trois ou quatre hommes se passent mutuellement l'eau du Nil puisée au moyen d'un panier de peau. Le passage du bateau n'interrompt pas leur rude travail. Presque entièrement nus, le corps ruisselant, semblables à des bronzes florentins; ils nous saluent amicalement au passage, mais toujours font monter et redescendre les balanciers qui apportent aux terres fécondes l'eau précieuse.

Des théories de femmes vêtues de noir s'alignent au ras du fleuve, ou montent vers les villages que l'on devine sous les palmiers; elles portent sur leur tête l'énorme cruche de terre que l'eau fait scintiller et s'en vont noblement, dans ce décor biblique, semblables à des Rebecca.

Des enfants nus, ou presque, suivent le bord à la hauteur du steamer; ils ne savent qu'un mot : *Bagchich !* De temps en temps un chemin côtoie la berge élevée, et nous voyons se profiler, sur le ciel, des travailleurs allant aux champs; des femmes, des enfants ou des ânes tellement chargés qu'on ne voit plus leurs pattes, des chameaux tristes et lents, sales et à demi pelés, des buffles gris et maigres. Des oiseaux très nombreux sillonnent le ciel. Immenses vols de pigeons domestiques, oiseaux de proie : milans, éperviers et buses; d'autres

SUR LA ROUTE DE SAKKHARA

sautillent ou veillent immobiles au bord de l'eau : échassiers, corneilles à manteaux, aigles pêcheurs. Sur les langues de sable, que le fleuve baissant laisse paraître, des hérons sommeillent sur une patte; de temps en temps, devant notre steamer, des canards ou des sarcelles s'envolent bruyamment.

Des bateaux, continuellement, nous croisent, dont l'équipage dort ou chante, pendant qu'un pilote, immobile et sculptural, se tient debout à l'arrière. Ces gens-là sont d'ailleurs éminemment calmes, quoique gais. Nos matelots se sont tous assis sur le gaillard d'avant, sous le soleil, — et nous avons 29 degrés à l'ombre de la tente ! — ils chantent en s'accompagnant d'un tam-tam et en battant des mains. L'un d'eux entonne une chanson qui, comme celle du petit navire, paraît souvent recommencer. Tous reprennent en chœur le refrain très court, pendant qu'un grand diable, noir comme l'enfer, danse en se dandinant. Ils en ont ainsi pour jusqu'à la nuit.

La nuit ! L'arrivée de la nuit, est le plus beau moment de la journée, le moment où, le soleil venant de disparaître, le couchant jaunit, puis se dore, rosit, s'empourpre, et finalement, flamboie d'un rouge inexprimable, pendant que des verts étincelants et des mauves très doux se disputent le haut du ciel.

Sur l'eau, absolument calme, se reflètent les bouquets de palmiers et les bateaux dont les voiles tombant mollement se découpent en noir. C'est une heure de dévotion, que l'on voudrait plus longue, où l'on regarde sans parler, sans penser presque, avec le lancinant regret de ne pouvoir emporter dans sa mémoire qu'un souvenir très affaibli de cet instant de souveraine béatitude.

Nous sommes arrivés, à la fin du crépuscule, à Esné, un village important, l'ancienne Latopolis, où l'on construit en ce moment un grand barrage. Une multitude de barques sont accostées au rivage, les équipages descendus à terre y bivouaquent, car les bateliers du Nil ne naviguent pas la nuit. Sur la berge du fleuve, un millier d'hommes s'agitent, crient ou bien vaquent à l'eau, au feu ; d'autres sont accroupis et rêveurs ; des flammes brillent, des fumées s'élèvent, toutes droites.

Quelques heures plus tard, nous sommes à Edfou. Le bateau s'est approché de la rive, des matelots ont sauté à terre, ont planté rapidement des piquets dans la berge molle, et nous ont amarré solidement. Aussitôt, la plage, et le talus qui la domine, sont envahis par une foule hurlante; tous se bousculent pour arriver plus près de nous, gesticulant désespérément. Quel spectacle ! et quel bruit ! On ne voit dans la nuit que le blanc des turbans qui s'agitent. Les matelots ont

SUR LA ROUTE, AU BORD DU NIL.

poussé une passerelle, mais ils sont obligés d'en défendre énergiquement l'accès. On dirait que ces noirs veulent assaillir le navire; mais non, ce sont de braves gens, tout simplement des guides et des âniers qui nous offrent leurs services. Nous aurions certainement été étouffés sous leurs pressantes sollicitations, sans la présence d'un agent de police, — ici on en trouve partout — et d'un garde champêtre, qui, en quelques coups de courbache bien appliqués, nous ont dégagés. Qu'on se figure le tableau !

La lune n'est pas encore levée. Il faut, dans l'obscurité, que trouent seulement deux pâles lanternes, aller quérir plus loin nos montures. C'est une promenade pittoresque à travers champs, au milieu de ces pauvres diables qui nous assourdissent de leurs cris: il y a bien aussi, de notre fait, quelques bourrades.

SOUS LES COLONNADES DE KOM-OMBOS

Enfin, après une nouvelle bousculade et une dernière intervention des agents de l'autorité, nous voici en selle et au galop dans la nuit. Nous traversons avec bruit un village sombre et silencieux; seul, un café est ouvert : une grande salle pleine de turbans blancs où personne ne consomme, et où un gramophone déverse les nasillements d'un monologue arabe.

La vision presque subite du grand temple d'Edfou, surgissant d'un tas de sable, par cette belle nuit, à la clarté de la lune qui vient de se lever, a quelque chose d'ahurissant. Les deux énormes pylônes qui en forment l'entrée, cette porte de dix mètres de hauteur que garde un colossal faucon de granit vert, cette immense cour entourée de colonnes, tout cela prend, dans la vague clarté de l'heure, une apparence de pres-

LE PORTIQUE DE KOM-OMBOS

que neuf : nous ne voyons plus les quelques architraves brisés, les chapiteaux écornés. Tout nous paraît de maintenant, et il nous semble que nous allons voir sortir des portes, ouvrant sur les salles noires d'ombre, le cortège de quelque Pharaon.

A demeurer seul ainsi, au milieu de cette ruine si étonnamment fière, on se suggestionnerait sûrement jusqu'à voir s'agiter les ombres que les statues de granit et les colonnes finement gravées projettent nettement sous les arcades. Nous avons fait éteindre les flambeaux et les lanternes, recueillis et presque craintifs dans un silence que rien ne vient troubler. Nous regardons à travers les énormes colonnades et par dessus les pylônes de l'entrée Tanit éclatante dans le ciel semé d'étoiles.

— Quel bel emplacement pour un théâtre en plein air ! dit une voix rompant le charme.

La visite du temple d'Edfou par le clair de lune restera pour nous un de ces spectacles qu'on n'oublie jamais plus.

Nous avons vu, depuis, des ruines plus anciennes et plus vastes. Nous avons vu le lendemain, dans le soleil, Kom-Ombo dresser sur la rive du Nil ses colonnades de pierre rose ; nous avons vu Karnac et Louqsor ; à chaque visite impression nouvelle, de surprise, d'admiration et de vague terreur. Rien n'a laissé dans notre âme un souvenir aussi profond que ce premier contact nocturne avec l'Egypte des Pharaons et des Ptolémées.

ENFANTS FELLAH PORTEURS D'EAU — Photo Detaille

ASSOUAN

Les quelques heures qui précèdent l'arrivée à Assouan sont tristes; le Nil coule entre des plaines arides et des collines rocheuses et pelées; la nuit qui tombe claire, limpide et chaude, aggrave encore la tristesse de ces lieux.

Tout à coup, voici, à un tournant du fleuve, sur la rive, une rangée de lumières ; puis des arbres, un grand hôtel éclairé. C'est Evian. C'est Cannes. C'est notre Corniche avec Roubion ! A mesure qu'on s'approche tout se précise; un grand hôtel s'élève au milieu de la verdure, sur une île qui est un jardin, Eléphantine. Par derrière, c'est la ville, c'est Assouan, une oasis, mais une oasis très peuplée puisqu'elle compte plus de dix mille habitants.

C'est l'antique Syène, frontière de l'empire des Pharaons, dernière étape des armées d'Alexandre le Grand, du César Romain et de Bonaparte. Syène où Domitien exila le poète Juvénal en qualité de gouverneur militaire. Comme quoi nous n'avons pas inventé de confier des gouvernements de colonies à des journalistes.

Le vapeur a ralenti sa marche; il décrit dans la largeur du fleuve de grandes courbes nécessitées par la mobilité des fonds. A l'avant, sur chaque bord, des sondeurs manient de longues perches, et leur mouvement régulier s'accompagne d'une triste mélopée. Nous avançons avec prudence, mais sûrement, à six heures, nous sommes amarrés entre Eléphantine et la ville, au bord d'un quai encombré de bateaux et que couronne une belle rangée d'acacias.

Nous trouvons, en débarquant, d'excellentes voitures qui nous conduisent à de très beaux hôtels, immenses caravansérails où, à cette heure de dîner, tous les messieurs sont en smoking et les dames en décolleté. La salle à manger est de style arabe; c'est l'intérieur d'une mosquée en blanc et rouge, avec ses dômes revêtus de bois sculptés, ses nombreuses lampes de cuivre ciselé: l'ensemble est clair et frais, très gai, très animé par les innombrables serviteurs en robe blanche qui circulent en silence autour des tables.

Et lorsque, arrivé dans ma chambre, j'ouvre la fenêtre, je constate, avec joie, que je ne vois rien : c'est le désert. Nos fenêtres donnent sur le désert ! Celui-ci, pour le moment, ressemble à celui de Labiche. Vous savez : « J'arrive du désert ! Il y avait un monde !... »

Nous sommes ici pour aller voir Philæ et le barrage, une merveille de l'antiquité et un chef-d'œuvre de la science moderne.

Philæ est au-dessus de la cataracte. Mais le barrage a élevé les eaux du fleuve et l'île ne laisse plus paraître que quelques palmiers, le temple d'Isis et le ravissant kiosque de Trajan.

On va à Philæ à âne ou à cheval, à travers la montagne qui, dans cette partie, borde à pic le Nil. C'est une route poussiéreuse, caillouteuse, plutôt une large piste que jalonnent de chaque côté des rochers de granit sur lesquels sont gravés des cartouches hyéroglyphiques. Tout cela est brûlé, calciné, désolé, d'autant plus pittoresque et sauvage. Nous longeons, puis franchissons une haute et épaisse muraille de briques; c'est une ancienne limite, obstacle bien futile aujourd'hui, dressé par les Ptolémées contre les incursions des Soudanais et des Nubiens pillards. Nous arrivons ainsi, tout blancs de sable, à un village nommé Chellal (cataracte), où un petit chemin de fer fait un bruit du diable sous le futile prétexte qu'il est actuellement le point terminus du tronçon Nord de la fameuse ligne Le Caire-Le Cap.

A Chellal, nous prenons passage à bord d'une grande barque peinte en couleurs éclatantes. Six rameurs noirs,— car ici la population de race barbarine est entièrement noire,— six rameurs vigoureux nous mènent sur le lac tranquille, d'où émergent les restes de Philæ.

Notre équipage pèse sur d'énormes avirons, s'accompagnant d'un refrain monotone que guide le capitaine, un grand et beau garçon, à la mine souriante, assis sur le plat-bord.

C'est avec l'aide de nos hommes que nous débarquons sur le seuil à demi inondé du temple d'Isis. Voici tout ce que nous pouvons voir de ces superbes ruines : une salle hypostyle, où demeurent encore de nombreux bas-reliefs que les prêtres coptes ou grecs ont martelés; puis, une cour avec péristyle, sur laquelle s'ouvre une porte, entre deux pylônes. Mais le temple était bâti au sommet de l'île, et la cour d'entrée est plus basse que le seuil; l'eau l'a envahie jusqu'à mi-hauteur de la colonnade. Une petite barque nous en fait faire le tour: c'est dans cette coque de noix, d'une stabilité douteuse, que nous franchissons la voûte de l'entrée.

Nous nous y arrêtons en proie à une douce émotion. Là, sur le mur, parmi les hyéroglyphes, les inscriptions grecques

NOTRE ÉQUIPAGE EN AMONT DE LA CATARACTE

ou coptes, un sous-officier français a gravé une inscription témoignant que l'armée françaises de Bonaparte est venue jusque-là :

L'AN VI DE LA RÉPUBLIQUE,
LE 12 MESSSIDOR,
UNE ARMÉE FRANÇAISE, COMMANDÉE PAR BONAPARTE,
EST DESCENDUE A ALEXANDRIE.
L'ARMÉE AYANT MIS, VINGT JOURS APRÈS,
LES MAMELUKS EN FUITE AUX PYRAMIDES,
DESAIX, COMMANDANT LA 1re DIVISION,
LES A POURSUIVIS AU DELA DES CATARACTES,
OU IL EST ARRIVÉ LE 13 VENTOSE DE L'AN VII.

Décidément, ils étaient plus grands que nous ceux qui voulaient nous conquérir l'Egypte.

Quand on pense qu'ils ont, pendant des mois, marché et combattu dans le sable brûlant, à la poursuite d'ennemis presque insaisissables ; quand on songe qu'ils allaient ainsi, s'égrenant peu à peu, exténués, mourant de faim, de chaleur et de misère, jalonnant le chemin de leurs ossements, mais marchant toujours et toujours combattant. Quand on songe à tout cela, au courage, à l'énergie qu'il leur a fallu ; quand on songe au sang français versé en pure perte, et que l'on voit... l'Egypte actuelle, on ne peut que courber la tête et s'en aller la tristesse au cœur.

Peut-être en aurait-il été autrement, si ceux qui ne voulurent pas nous conserver l'Egypte avaient pu lire, sous le portique du temple de Philæ, la pierre gravée par l'officier de Desaix. Maintenant, les Anglais vont élever le barrage, le temple d'Isis et le gracieux kiosque de Trajan qui baigne ses pieds dans l'eau vont disparaître, et, avec eux, l'inscription française que le courant limoneux du fleuve effacera peu à peu.

Nos rameurs noirs enlèvent vigoureusement notre barque sur le lac que forme le Nil, en amont de l'énorme digue de pierre qui l'enclôt; ils nous accostent au barrage, l'œuvre hydraulique la plus considérable du monde. Elle a pour but de refouler l'eau du Nil, à l'époque où son niveau est le plus bas, jusqu'à une hauteur de 25 mètres 30, pour distribuer peu à peu, au moyen de canaux, l'eau nécessaire à l'irrigation régulière de la Haute et de la Basse-Egypte. On a ainsi gagné, depuis sa construction, deux cent mille hectares à la culture. Le barrage mesure dix-neuf cent quatre-vingts mètres de longueur, quarante mètres de hauteur, sept mètres au sommet et trente à la base. Il est muni de cent quatre-vingts portes manœuvrées par l'électricité.

Un petit chariot sur rails nous le fait traverser dans sa longueur : les hommes qui poussent ce véhicule nous arrêtent de temps en temps pour nous faire admirer, en amont, le grand lac où évoluent les bateaux à voile et les chaloupes à pétrole ; en aval, les rapides bouillonnants, les rochers noirs et brillants émergeant de l'écume blanche.

LE BARRAGE D'ASSOUAN ET LA CATARACTE

A l'extrémité du barrage nous descendons quatre étages d'écluses, et c'est au bout de la dernière que nous trouvons le bateau avec lequel, au fil du courant, nous allons redescendre vers Assouan.

Cette descente, qui s'effectue en dehors des rapides, n'a rien de dangereux : elle se fait tout doucement au milieu d'îles arides, rouges, vertes ou noires, selon le granit qui les forme.

Notre équipage est nombreux, car la barque est grande et lourde. Il y a parmi nos rameurs plusieurs enfants. A peine sommes-nous sortis du chenal des écluses que nous voyons un petit bonhomme se lever tout à coup, faire tomber sa chemise et piquer une tête dans le Nil. Le bateau ne ralentit pas sa marche; cependant, l'enfant nage rapidement vers la rive;

LE KIOSQUE DE TRAJAN A PHILÆ

nous le voyons prendre pied, courir sur les rochers, puis disparaître dans une crique où se cachent quelques huttes. Il en ressort presque aussitôt, portant une sorte de cruche en grès. Alors notre barreur rapproche le bateau de terre, et le petit saute à bord. La cruche en grès est un tam-tam. On l'avait oublié ! Il est salué de cris de joie, et voici un chant qui s'élève, très gai, un peu monotone cependant, et dont tout l'équipage reprend en chœur le refrain, pendant que le petit accompagne en battant énergiquement son instrument.

Des barques descendent comme nous le fleuve ou le traversent. L'une d'elles est chargée de femmes qui luttent à force de rames contre le courant. Au fait, on ne voit guère que des femmes, surtout sur les deux rives, car ici le fleuve est enserré. Quelques-unes cueillent du bois, un pauvre bois, ébranchant des arbres rares et rabougris qui poussent dans les cailloux et le sable.

Entre temps, nous évoluons parmi les récifs et les îlots, bercés par la cadence des rames et le chant de nos rameurs. Bientôt, à un détour, Assouan nous apparaît encadrée dans la verdure de l'île d'Eléphantine, avec ses villas, ses hôtels, et, sur un mamelon, près de la ville, une grande maison en ruines qu'on appelle — sans raison d'ailleurs — la maison de Kitchener.

Nous débarquons au pied de notre hôtel sous un soleil ardent. Sur un roc, au bord de l'eau, deux Arabes, dont l'un est debout et l'autre prosterné, font leur prière tournés vers l'Est.

LE QUAI D'ASSOUAN

ÉLÉPHANTINE ET LES ENVIRONS D'ASSOUAN

Assouan, c'est aussi Éléphantine, l'île verdoyante, couverte de palmiers et de jardins fleuris. Le splendide bouquet de verdure, d'où émerge un immense hôtel, cache aux promeneurs des quais d'Assouan les collines de sable qui bordent le Nil sur la rive opposée, et c'est tout profit pour les yeux.

En cet endroit, du moins en amont d'Assouan et jusqu'au dessus de la cataracte, le Nil est semé d'îles dont quelques-unes ne sont que des récifs; l'eau du fleuve les a polis et arrondis; elle leur a donné des formes molles d'animaux, d'hippopotames et d'éléphants au bain. Seule, Éléphantine est verdoyante, les autres sont désolées et nues.

Mais sur toutes ces roches, que le fleuve bat depuis la nuit des temps, se lisent encore des cartouches hyéroglyphiques, des inscriptions obscures et qui attestent le passage des rois depuis les premiers Pharaons jusqu'à Alexandre, aux Ptolémées et aux Césars. Ces inscriptions ont résisté à l'érosion des flots boueux de l'inondation annuelle.

Un petit bateau à voile, que la brise du Nord couche sur le flot moiré, nous a fait faire le tour de l'île ; un jeune Barbarin le conduit, un type admirable, noir comme l'ébène, au regard doux et intelligent, aux dents d'une blancheur éclatante. Comme chez tous ses compatriotes, sa galabyé rayée de blanc et de bleu, son turban blanc sont d'une propreté irréprochable. Silencieux et attentif, il se tient impassible à la barre de la petite embarcation qu'il manie avec adresse et sûreté.

Les curiosités d'Eléphantine ne sont pas nombreuses ; deux villages nubiens se cachent sous ses palmiers, et il n'y a plus de monuments anciens. Ce qui nous y attire, c'est le pavillon français que nous voyons flotter au Sud de l'île, au-dessus d'une cabane en bois dominant une butte de décombres. Ce sont les fouilles que l'on pratique sur l'emplacement de l'ancienne ville d'Eléphantine. On y voit, pour le moment, peu de chose. Les ruines d'un temple romain, bâti des débris d'un temple égyptien : puis, une foule d'hommes et d'enfants, occupés au milieu d'un épais nuage de poussière, à déblayer de vieux murs de pierre ; ils ont mis à jour des fosses qui nous paraissent être des tombes romaines.

Nous contemplons ces rudes travaux du haut d'une éminence ; mais un monsieur coiffé d'un casque blanc et qui paraît diriger les ouvriers, nous prie sévèrement de nous retirer. Il paraît que notre curiosité est indiscrète et que nous ne devons rien voir de ce qui se fait. Il nous faudra revenir quand le déblaiement sera fini... dans quelques années.

En attendant, nous allons voir le nilomètre, sorte d'escalier en pierre, descendant dans un puits au bord du fleuve, et sur lequel sont inscrites les crues.

Selon Strabon, ce nilomètre était fort utile, parce qu'il permettait de faire connaître à l'avance la hauteur de l'inondation, non seulement aux agriculteurs, mais encore aux fonctionnaires, à cause des impôts, car à la crue la plus élevée correspondaient des impôts plus lourds. Et l'on voit ainsi que ce qui peut paraître excessif n'était, en somme, dicté que par

LE CAMP DES BICHARIS

la sagesse, puisque les impôts n'augmentaient qu'avec le rendement des terres.

A part son antique utilité, le nilomètre n'a rien de particulièrement curieux : nous le laissons donc sans regret pour regarder des porteurs d'eau qui viennent sur le rivage remplir leurs peaux de chèvre.

Courbés sous le poids de leur charge, appuyés d'une main sur un bâton très court, de l'autre tenant fermée l'orifice de leur outre, ils remontent lentement la berge, ruisselants. On les voit entrer dans un beau jardin et s'en aller le long des plates-bandes, déverser rapidement leur charge, puis redescendre et recommencer, et ce travail fastidieux durera tout le jour. Ce sont de pauvres diables, hâves, déguenillés, pliés en

PETITES FILLES BICHARIS

deux par l'habitude constante du fardeau. Cela nous fait contempler avec quelque tristesse l'admirable jardin au fond duquel s'élève une belle villa toute couverte de clématites fleuries.

D'ailleurs, tout Eléphantine n'est qu'un jardin, et sa verdure tombe jusqu'au bord de l'eau encadrant de petits ports gracieux où stationnent des embarcations claires et pavoisées qui sont là pour le service des hôtels.

Nous, après quelques bordées, nous avons doublé la pointe Nord de l'île et nous avons débarqué sur la rive gauche où nous devons faire l'ascension d'une colline de sable qui semble se dérober sous nous. Décidément, nous n'irons pas jusqu'au bout. Cette marche, où l'on perd un pas sur deux, ne nous enchante pas; nous nous contenterons de voir, de mi-côte, le tombeau du Scheick, qui couronne le sommet. Nous visiterons par là quelques hypogées, ornées de scènes funéraires, d'une exécution médiocre. Tout y est, d'ailleurs, déplorablement enfumé, car ces souterrains servirent de refuge à toutes sortes de gens.

Dans l'un d'eux, nous sommes accueillis par des sifflements qui partent d'une fissure. Notre guide nous avertit : ce sont des serpents, peut-être des *cérastes* ou les terribles *ureus*, que nous avons vus si souvent peints sur les murs. L'occasion est belle de voir face à face les dangereux ophidiens, et nous voilà lançant des pierres vers le trou d'où partent ces cris stridents.

Et au moment où notre patience va se lasser, car rien ne consent à bouger, voici une pauvre chouette affolée qui quitte ce trou, c'est elle que nous avons dérangée; battant éperdûment de l'aile, elle se heurte à la voûte et finalement disparaît dans un coin sombre. Allons ! nous ne verrons pas de serpents aujourd'hui.

Nous avons eu, ce jour-là 19 décembre, 33 degrés centigrades dans le hall de l'hôtel, ce qui ne nous a pas empêchés d'aller visiter les carrières de granit, d'où ont été tirés toutes les statues et tous les obélisques des temples égyptiens. Elles sont imposantes par leurs débris et ressemblent à bien d'autres carrières. Seul, un obélisque énorme atteste des gigantesques travaux qui s'y sont accomplis; mais il n'est pas terminé, il fait encore partie intégrante du rocher, d'où il se détache par la rigidité de ses lignes et sa couleur rose plus tendre.

Aller à pied dans ces régions est impossible aux Européens, la marche y est au-dessus de nos forces. Nous avons, ou plutôt mes compagnons de voyage ont affrété des chameaux, grandes et horribles bêtes, inquiètes et grognonnes ; pendant

DEVANT LES CARRIÈRES DE GRANIT D'ASSOUAN

que je trotte sur mon âne à leurs côtés, une crainte m'obsède : recevoir un coup de dent sur le crâne. Ces *vaisseaux du désert* sont cependant bien utiles, alors que mon baudet marche péniblement sur ce sol mouvant, eux posent tranquillement leurs vastes pieds, mous et sûrs.

Depuis que nous avons quitté Assouan, un agent de police à cheval nous suit de loin ; sa tenue est impeccable ; il monte une superbe bête grise à crins noirs ; il ne nous quitte pas d'une semelle. Nous avons l'explication de sa présence au moment où nous arrivons au camp de Bicharis, assemblage sordide de huttes et de tentes de paille, où végètent, misérables, quelques sauvages d'un brun marron, à demi vêtus de haillons, aux cheveux abondants, tressés en petites nattes et recouverts de graisse de mouton.

Leur figure est quasi-bestiale, leurs traits cependant assez fins ; mais ils paraissent au dernier degré de l'échelle humaine. Seuls, les enfants sont charmants, les petites filles

L'HOTEL DE LA CATARACTE A ASSOUAN

surtout : elles ont des yeux et des dents splendides, des visages pleins et arrondis, l'intelligence et la ruse dans le regard.

Dès que ces pauvres gens nous ont vu arriver, ils se sont précipités à notre rencontre en poussant l'éternel cri : *Bagchich !* et si pressants, que nous ne pouvions mettre pied à terre. C'est alors qu'est intervenu le chaouch qui, en quelques gestes rapides, nous a bientôt libérés. Tous nous suivent maintenant à distance respectueuse.

Quelques hommes se livrent, en notre honneur, à des danses bruyantes et peu élégantes ; c'est un spectacle de tristesse. La vue de ces êtres dégénérés, et qui, certainement, n'ont été amenés jusque-là que pour servir de distraction aux gens comme nous, a quelque chose de répugnant. Nous nous en voulons presque d'être venus.

Nous préférons revenir vers Assouan, flâner dans les bazars, marchander des verroteries, des courbaches en peau d'hippopotame,— les plus chères et les plus transparentes sont tout simplement en celluloïd, — des plumes d'autruche, des étoffes indiennes et des tapis que l'on achète jamais. Nous préférons flâner dans les rues, voir les femmes se draper noblement à notre approche, ne laissant voir qu'un œil, quelquefois admirable.

A l'heure où le jour tombe, nous allons nous asseoir à la terrasse d'un café, à boire du mastic, sur le quai ombragé et tout fleuri de clématites et de roses, en face des palmiers d'Eléphantine. Nous regardons défiler devant nous les Arabes graves et nobles, les Soudanais alertes, les soldats très sanglés dans leur kaki et les touristes anglais qui passent, au galop de leurs montures, suivis d'une nombreuse escorte d'âniers et de solliciteurs de *bagchich*.

DANS LE DÉSERT

SOUS LES PALMIERS

LA CHASSE AU LOUP

Une demi-heure après notre arrivée à Assouan, nous avions traité, non sans longues palabres, avec un grand diable de nègre, nommé Mohammed, qui nous promettait de nous faire voir, sinon tuer, des loups, de vrais loups.

Mohammed avait deux postes tout prêts; le cadavre d'un âne achevait d'y pourrir, et les loups, chaque soir, venaient en tirer quelques bribes. C'était plus qu'il n'en fallait.

Dès la fin du dîner, nous sommes en selle, armés, bien préparés à de patientes attentes et suivis d'une foule d'âniers, de porteurs et d'esclaves inutiles.

Nous allons au galop, sur le quai encore éclairé, par les ruelles de la ville déjà sombres, que rendent plus noires encore quelques rayons de lune filtrant à travers les planches ou les tentes qui les recouvrent. Quelques formes vagues sont accroupies sur les seuils, d'autres errent, semblables à des spectres.

Nous traversons des jardins tout parfumés de roses et de cassies et plantés de palmiers; les grands arbres, d'abord très serrés, s'espacent peu à peu; leurs cipes, aux courbes à peine accusées mais si harmonieuses, tranchent nettement sur le sol clair, d'où ils émergent brusquement, et leurs couronnes qui s'étalent, très haut dans le ciel, font sur le sable des ombres très nettes et très noires.

A travers les troncs élancés, les collines qui bordent l'autre rive du Nil semblent se rapprocher; sous la lumière bleuâtre de la lune, elles sont maintenant toutes roses, d'un rose fin et doré, et cette teinte inexplicable, se détachant en violence sur le ciel, est un des phénomènes de coloration les plus curieux et les plus prenants qu'il nous ait été donné d'admirer en Egypte.

Le ciel est d'un bleu profond presque violet, constellé d'une profusion d'étoiles; l'air léger et très clair. Le silence n'est troublé, au loin, que par les aboiements des chiens, car nous marchons sans bruit dans cette poussière impalpable. L'inattendu du spectacle, le calme souverain du paysage, la noblesse des lignes d'horizon, que coupent nettement les colonnes gracieuses des palmiers, tout cela nous a saisi profondément et nous porte à la rêverie plutôt qu'au bavardage.

Nous entrons dans le désert, dunes arrondies et molles, ondulations que tachent, dans les bas-fonds, quelques rares tamaris. C'est là que notre guide nous fait mettre pied à terre et que nous quittons nos montures: elles vont trouver dans les environs un repli de terrain où elles nous attendront.

Il nous faut, maintenant, franchir quelques centaines de mètres que le sable mouvant, ici parsemé de cailloux, rend particulièrement pénibles. Puis, nous engager sur des coteaux pierreux et dans de petits vallons. C'est sur le penchant de l'un d'eux que nous trouvons, dans un creux de rocher, l'affût qui doit nous cacher ; devant nous, un petit point noir, à vingt mètres, tache le sable : c'est ce qui reste de l'âne.

Nous avons, ce soir-là, attendu longtemps dans l'immobilité et le silence ; mais nous étions, paraît-il, arrivés trop tard. Deux de nos compagnons qui s'étaient postés plus loin avaient d'ailleurs trouvé, à leur appât, les loups qui avaient aussitôt pris la fuite.

Mais Mohammed, qui tient, et pour cause, à nous faire tuer du gibier, nous propose de changer de place : il espère trouver des fauves de l'autre côté de la ville.

Nous voici donc remontés à ânes, traversant les cimetières arabes ; rien n'y évoque la tristesse ; des extumances de terre, des blocs de briques crues, que surmontent deux petits cônes, quelques-uns peints en couleurs claires, blanc ou ocre jaune, jetés çà et là sans ordre, tels des sacs ou des ballots qu'une caravane aurait abandonnés. D'autres tombeaux plus grands, — la plupart à demi-ruinés, — dominent cette foule, leur cube et leur dôme blancs tranchent nettement sur l'ensemble terreux.

Pas âme qui vive : la solitude la plus complète, du sable, des tombes, des étoiles.

La nécropole traversée, nous rentrons dans le désert ; on me place à l'ombre noire d'un petit tamaris, dans un trou, et me voilà seul.

Sur ma gauche, vers la rive du Nil, j'entends la rumeur d'un village arabe, des rires et des chants, des aboiements. Peu à peu, cependant, tout cela se tait et le silence tombe autour de moi.

Tout à coup, dans la même direction, éclatent des cris sinistres et plaintifs, des râles, des accents désolés de bêtes battues. Qu'est-ce que cela ? Sans doute des chameaux. Cela brait, hurle, gémit furieusement. Combien sont-ils pour faire un tel tapage ? Comment ces cris colères ou douloureux se traînent-ils ainsi sans répit ? Ce bruit étrange et inconnu m'obsède : par instants, une plainte plus vive, comme un der-

PORTEURS D'EAU A ÉLÉPHANTINE

nier râle de souffrance, déchire l'air, dominant le *tutti* des hurlements. C'est à n'y pas tenir.

S'il n'y avait que cela ! Mais de tous côtés m'arrive, avec la brise chaude, une horrible odeur de cadavres : des souffles nauséabonds m'enveloppent ; je sens que mes vêtements s'en imprègnent.

Pendant ce temps, j'écarquille les yeux vainement : une ombre a passé devant moi, une bête couleur de terre, un chacal peut-être, ou un chien.

Enfin, voici la relève; filons vite et rentrons. Il est plus de minuit: nous sommes bredouilles.

Le vacarme, qui tantôt m'assourdissait, s'est tu ; j'en demande l'explication à Mohammed. Ce que j'avais pris pour des cris de désespoir, pour des râles de souffrance, c'était tout simplement le grincement de quelques *sakyehs* ou norias, dont le bois mal graissé gémissait.

Quant à cette odeur infecte, que j'emporte avec moi, elle est produite par les débris de cadavres que les hyènes laissent traîner çà et là, après les avoir déterrés... Charmante soirée !

Un tel insuccès aurait dégoûté de simples touristes, mais non des chasseurs. Le lendemain, vers la fin du jour, nous avons recommencé la galopade à travers la ville, la promenade dans les jardins et dans le sable; nous avons revu les palmiers élancés, la colline rose, et nous avons dîné, non pas sur l'herbe, mais sur un bloc de granit; puis nous sommes allés nous poster; encore une fois inutilement; nous avons vainement attendu, malgré notre persistance de chasseurs décidés à réussir.

Et nous avons recommencé encore le jour suivant ! Mais, ce soir-là, la poudre, enfin, parla. Vous aller voir comment...

J'ai laissé un camarade sur le flanc d'un ravin, devant un bon appât, et j'ai suivi Mohammed plus loin.

La grande silhouette noire du chasseur se profile nettement sur le sable blanc, grandie encore par son ombre, que la lune pleine projette nettement. Je marche derrière lui, péniblement et sans bruit.

Tout à coup, il s'arrête, relève la tête; puis il oblique rapidement, me faisant signe de l'attendre; il disparaît derrière une dune. Je le vois reparaître quelques instants après, traînant quelque chose. C'est un chien mort qui va nous servir d'appât. Alors, ce n'est plus en serre-file que je marche avec lui, mais en flanqueur, et au vent, car le chien n'est pas mort d'aujourd'hui.

Une petite côte rocheuse nous amène subitement en face d'un grand vallon enserré d'énormes blocs de granit. Sous la clarté de la lune, ils émergent noirs du sable, comme les rochers des Alpes de la blancheur des nevés. Le paysage est d'une sauvagerie inouïe, vrai site de mort, vrai vestibule d'enfer, décor fantastique en noir et or, où pas un brin d'herbe ne pousse, où passe en ce moment le souffle chaud du désert, où n'arrive aucun bruit.

Je m'attarderais volontiers à ce spectacle nocturne; mais Mohammed est impatient. Nous traversons la plaine de sable qui forme le fond du vallon, pour gagner, sous les rochers aux silhouettes étranges, une anfractuosité où, à l'abri des rayons de la lune, nous pouvons affûter sans être vus.

Voici notre chien mort étendu devant nous. Mohammed s'est accroupi à côté de moi; il a enlevé son turban; dans l'ombre noire, je ne distingue plus que ses dents, — car il a le sourire, — et le blanc de ses yeux.

Subitement, vers le fond du vallon, une forme noire se découpe, bête qui s'approche en flairant le sol, comme cherchant une piste ou sa route. C'est un loup; on voit très bien sa queue fournie, sa démarche rasante, son dos flottant. Tous les chasseurs comprendront qu'à ce moment-là, j'étais ému.

J'ai touché l'épaule de Mohammed :

— *Dib !* (un loup).

Ses yeux brillent; il l'a vu. D'un regard, il me félicite sur mon coup d'œil; il a posé ses mains sur mon fusil pour m'empêcher de tirer.

Au fait, la bête est trop loin ; elle viendra à l'appât. En voici deux maintenant, cela se corse. J'entrevois la possibilité de faire un doublé !... Que sais-je encore ?... Mais non ! Les animaux tournent, hésitent et, finalement, disparaissent derrière un rocher. A chaque instant, je m'attends à les voir reparaître, à les voir surgir devant moi. Dieu, que l'attente est longue !

Sur ma droite, j'entends un bruit à peine perceptible ; celui d'un pas sourd et rapide sur le sable. Mohammed a dressé l'oreille.

— Dib ? ai-je dit.

Il secoue négativement la tête.

Quelques secondes après, deux chameaux montés, lancés à toute vitesse, passent devant nous, filant vers la montagne.

Maintenant, mon chasseur me fait comprendre que les loups ont été effrayés, qu'il n'en viendra plus et qu'il vaut mieux s'en aller.

Nous descendons vers le Nil, après avoir traversé une plaine qui m'a semblée interminable, jusqu'à des jardins que bordent des palmiers nains. Là-dessous, couché à plat ventre, avec les feuilles qui me picotaient le dos, j'ai encore attendu des loups qui ne sont pas venus.

Pan !... Pan !... Deux coups de feu au loin ; puis un troisième. C'est un des nôtres qui a tiré. Allons vers l'heureux veinard qui a pu faire parler son fusil.

Encore vingt minutes de marche dans le sable profond et nous voici près du poste où j'ai laissé S... Je vois de loin sa silhouette se découper sur le sable ; debout, il est fièrement appuyé sur son fusil. Derrière lui, un grand noir porte sur ses épaules une grosse bête au poil gris.

Bravo !... On se félicite, on se congratule. S... me raconte sa prouesse. Un loup est venu sans méfiance ; sans hésiter, il a tiré, la bête est tombée ; un second l'a achevée.

— Et le troisième coup ?

— Il est parti tout seul.

S... a eu un témoin précieux. Un de nos meilleurs et de nos plus distingués confrères parisiens, M. Jules Huret. Celui-ci a assisté à l'événement; mais il est rentré après ce beau coup, heureux d'avoir vu tuer un loup.

Quoi qu'il en soit, la bête est morte, bien morte. Le noir l'a jetée sur le sable. Mohammed, accroupi, l'examine, le palpe, le retourne, fouille la plaie; puis il nous regarde en souriant.

— Kelb ! dit-il.

Un chien ! C'est un chien... Pauvre S..., quelle déception ! Sur le moment, il est un peu désappointé... On le serait à moins. Venir jusqu'aux limites de la Haute-Egypte pour tuer un loup et assassiner un pauvre chien !... O ombre de Tartarin !

La révélation de Mohammed a jeté un froid; mais cela n'a pas duré. Quelques minutes après, S... et moi en riions comme des fous, réveillant de nos éclats de voix les paisibles habitants d'Assouan, endormis dans leurs maisons de terre.

L'histoire des Marseillais qui avaient porté leurs fusils en Egypte, comme pour une chasse en Camargue... et qui y ont tué un chien, nous a précédé en Europe, où elle a eu — et c'était justice — les honneurs de la grande presse.

LE LAC SACRÉ DE KARNAK

LES RUINES DE THÈBES

Louqsor, centre de toutes les excursions aux ruines de Thèbes, longe la rive droite du Nil, avec son temple aux cent colonnes, célèbre dans le monde entier. Au nord du temple, la ville indigène; au sud, un quai moderne bordé de magasins brillants, d'hôtels splendides, qu'anime le va-et-vient incessant des voitures, des touristes et des guides.

En face, le Nil coule très large, et l'autre rive est basse, très basse, presqu'en plage. Quelques bouquets d'arbres se reflètent dans le fleuve, qu'agite légèrement le passage incessant des bateaux. Plus loin, ce sont des champs de cannes à sucre, de luzerne et de céréales, et au fond, complétant cet admirable décor et le dominant de sa masse, une montagne nue est désolée, mais d'une étonnante couleur; rose le matin, elle est dorée pendant le jour avec des ombres mauves ou violettes suivant l'heure, et d'une tonalité si fine, d'une telle harmonie de nuances et de lignes qu'on ne peut en détacher le regard.

C'est jusqu'au pied de la montagne que s'étendait Thèbes, la plus grande et la plus riche capitale de l'Egypte des Pharaons. Thèbes aux cent portiques, dont l'origine est impénétrable, tant elle est lointaine, si lointaine qu'on a oublié son vrai nom, Oueset, la ville, pour ne se souvenir que de celui que lui ont donné les historiens grecs, Homère le premier, dans l'*Iliade* :

Thèbes, ville d'Egypte, où les maisons regorgent de trésors.
Elle a cent portes : de chacune sortent deux cents
Hommes vigoureux pour la lutte, avec armes et chevaux.

Que reste-t-il aujourd'hui de Thèbes, capitale sous neuf dynasties ? De Thèbes, ville universitaire, pépinière pendant de longs siècles de savants, d'artistes incomparables et de littérateurs ? De Thèbes, dont les richesses faisaient l'admiration du monde ? Ce qu'il en reste ? Des pierres, des débris gigantesques et des tombes. Plus rien ne subsiste de son inconcevable grandeur. Cependant, le Nil continue son cours éternel, et la grande montagne d'or, qui a vu défiler dans ses vallons la pompe funéraire des rois, est toujours là, immuablement belle.

Thèbes s'étendait sur les deux rives du Nil. Du côté de l'Ouest, elle a laissé la ruine la plus colossale du monde, Karnak, amoncellement inouï de pylônes, de sphynx, de colonnades, d'obélisques, de pierres brisées, couvrant une superficie de près de cent hectares. C'est le but de tout voyage en Egypte, comme c'en est le joyau.

Notre première visite a donc été, à notre arrivée à Louqsor, pour Karnak, et c'est sous un clair de lune splendide que nous avons pris contact avec ses antiques débris.

La première impression est d'une grandeur terrifiante. Lorsque, après avoir défilé entre deux rangées de sphinx accroupis et franchi les deux énormes pylônes qui marquent l'entrée du temple d'Amon, on arrive dans la première cour. On est saisi d'étonnement : à droite et à gauche, surgissent des murs crevés de trous sombres; devant nous, des socles de

M. LEGRAIN, CONSERVATEUR DE KARNAK, SERT DE CICERONE A DES TOURISTES

statues et des fûts de colonnes: tout cela, si grand, si puissant, qu'on ne peut s'imaginer que ce soit œuvre humaine. Une seule colonne reste debout encore, entière, avec son chapiteau évasé en forme de fleur épanouie. Pourquoi, seule, a-t-elle ainsi résisté au temps ? Qui la retient ainsi penchée, presque vacillante, démesurément allongée par son ombre, que la lune projette sur le sol ?

J'ai franchi le seuil d'une cour qui s'ouvre à droite de l'entrée; un péristyle formé de gigantesques statues l'entoure, blancs fantômes que la lune fait émerger de l'ombre. Seul, assis sur une pierre, j'ai rêvé quelques instants devant les sévères effigies élevées par Ramsès III, à la gloie d'Amon-Ra. Figées dans leurs poses hiératiques, elles semblent défendre l'entrée d'un temple mystérieux où n'arrive plus la clarté de la lune. A cette heure, et dans ce silence que rien ne vient troubler, on sent que, à demeurer ainsi, on finirait par les voir remuer.

Quel écrasement, lorsque nous arrivons dans sa salle hypostyle, par un porche qui ressemble à un défilé ! Serrées les unes contre les autres, les énormes colonnes élèvent à une prodigieuse hauteur leurs chapiteaux épanouis ; des deux côtés, d'autres surgissent de la pénombre, découpant sur nos têtes des bandes de ciel étoilé. A cet endroit, on subit, en contemplant ces mastodontes de pierre, une véritable sensation d'anéantissement; et cependant, ce sont des hommes qui élevèrent ces temples, qui dressèrent ces cent trente-quatre colonnes de quatre mètres de diamètre et de trente mètres de hauteur. Ces seize rangées, qui couvrent à elles seules une surface plus grande que Notre-Dame, ont vu se dérouler, entre elles, les fêtes et les cérémonies du culte d'Amon; elles ont vu couler, sur leurs dalles, le sang de deux cent mille esclaves. Aujourd'hui, que subsiste-t-il de cela, du culte d'Amon, des fastes pharaoniens ? Tout a disparu, et l'on y chercherait, vainement, les traces du sang dans lequel baignait le pied des colonnades. Mais les pierres sont toujours là; le temps à pu les jeter à terre; il n'a pu, cependant, renverser tous les gracieux obélisques roses, ni effacer des murs les images des dieux aux gestes anguleux, ni les tableaux où se déroule l'épopée de Ramsès II.

L'imagination pourrait-elle concevoir un spectacle plus grandiose ? Rien ne peut donner une aussi forte impression de terreur; plus on avance dans ce chaos de choses écroulées, d'où émergent les pylônes et les aiguilles de granit, plus on demeure pensifs et muets au spectacle de cette preuve tita-

LA COUR DE MEDINET-ABOU

nesque de la formidable puissance et de la foi profonde de ceux qui élevèrent ces temples.

Enfin, lorsqu'on quitte à regret ces ruines, en passant près du lac sacré, sur lequel glissent les foulques, et où se projettent les reflets du portail d'Evergète, on se demande ce qui restera de nos monuments lorsque trente siècles auront passé sur eux.

Nous avons revu Karnak de jour et dans ses moindres détails. A la lumière du soleil, les murs et les colonnes se dorent et les innombrables reliefs, qui ornent chaque pierre, se précisent. Cette visite fut pour nous un véritable régal, car nous la faisions sous la conduite du plus aimable et du

ARABES TRAVAILLANT AUX FOUILLES DANS LES RUINES DE KARNAK

plus érudit des égyptologues, M. Legrain, un Français, qui depuis douze ans travaille à la reconstitution des temples de Karnak.

Durant cette déjà longue période, M. Legrain a relevé un nombre incalculable de pierres, remonté une grande partie des colonnades et consolidé ce qui menaçait ruine. Il l'a fait, non seulement avec une grande science, mais avec un goût si sûr, une crainte si évidente de la fausse restauration, que le travail refait est pour ainsi dire invisible.

Quelle œuvre colossale, quand on songe que M. Legrain a dû remuer cet incommensurable amas de décombres et les remettre en place ! Fantastique *jeu de cubes*, où il fallait une connaissance approfondie des hyéroglyphes et toute la prudence d'un architecte qui fait manier des blocs énormes par des ouvriers encore primitifs. La reconstitution de Karnak occupe trois cents Arabes, hommes et enfants, qui, tous, travaillent avec une ardeur étonnante, et qui, lorsqu'ils voient apparaître le casque blanc de leur chef, se répandent en acclamations. Ces braves gens, dont M. Legrain est la providence, le considèrent à l'égal d'un père et d'un grand sorcier.

Nous avons compris, grâce à notre savant compatriote, bien des choses qui, pour nous, seraient restées lettre-morte. Nous avons appris l'âge de ces pierres; nous avons suivi, avec lui, sur les murs, l'étonnante histoire des Pharaons qui les ont entassées. Nous avons admiré la finesse des ciselures, la noblesse des attitudes, la sûreté de dessin et l'extrême acuité d'observation des artistes égyptiens. Rien n'est plus curieux, à ce sujet, que la représentation des plantes et des animaux rapportés par le roi de ses expéditions. Il y a là un herbier, le plus ancien connu, où se voient, dans leurs moindres détails, une infinité de plantes; et une sorte de jardin zoologique, dont tous les animaux, et particulièrement les oiseaux, sont rendus avec une étonnante vérité.

Les murs de Karnak forment ainsi une immense bibliothèque; il faudrait des mois pour la parcourir en entier, à la condition de la savoir lire. Contentons-nous d'admirer ceux qui, comme M. Legrain, ont consacré leur existence à l'étude et à la résurrection de ces merveilles. Je sais bien que l'extrême modestie de notre aimable cicerone de Karnak serait effarouchée si ces lignes lui tombaient sous les yeux ; mais, enfin, de toutes les restaurations qui se sont faites ou se font dans les ruines de Thèbes, celle-ci est la seule qui n'ait rien détruit.

Que dire du temple de Deir-el-Bahri, sur la rive gauche, que l'on a tout simplement badigeonné en jaune, mais d'un jaune

UN HOTEL SUR LE BORD DU NIL A LOUQSOR

d'ocre froid, qui jure affreusement avec le ton chaud et doré de la montagne à laquelle il est adossé.

Il est cependant admirable avec ses trois terrasses, d'où nous découvrons toute la vallée du Nil et ses champs cultivés. Plus près de nous, les ruines ou plutôt les vestiges du Ramesseum, temple énorme, presque entièrement détruit, où gisent en morceaux des statues de vingt-cinq mètres, parmi les colonnades formées de colosses décapités.

Sur la droite, c'est Médinet-Abou, autre temple ruiné, avec de splendides cours presque intactes: les péristyles y sont entièrement recouverts de bas-reliefs dont les couleurs ont en grande partie subsisté. Ocre rouge et jaune, bleu turquoise, vert tendre et jaune vif, mariés avec un goût sûr et qui donnent une idée de ce que pouvaient être ces palais aux temps de leur splendeur.

LES DERNIERS VESTIGES DE RAMESSEUM

Sur les murs sont gravées des scènes historiques. Il est fort intéressant de les suivre, à cause de la variété des tableaux et de leur naïveté. Nous assistons ainsi à des combats terribles; nous voyons le roi sur son char tenir des grappes d'ennemis par les cheveux; nous voyons des soldats couper les mains des prisonniers et en faire d'énormes tas. Et après tout cela, après la bataille, après la victoire, après l'exécution des prisonniers, nous voyons d'autres hommes qui lâchent des pigeons voyageurs portant la nouvelle de l'événement. La colombophilie n'est donc pas une invention moderne.

Devant Medinet-Abou, plus près du fleuve, comme en avant-garde, sont les colosses de Memnon, « camées antiques de dix-huit mètres », assis depuis trois mille ans, face à l'Orient. Ils semblent veiller encore, non plus sur les palais détruits, mais sur les hypogées qui font, du pied de la montagne, comme une écumoire, tombes de personnages importants, de prêtres, de princesses et de reines, que les conquérants, les pirates et les archéologues, ont violées, mais où demeurent encore les ornements intérieurs, les peintures très compliquées, où la couleur est intacte.

De la visite de ces tombes de la vallée des reines, j'ai rapporté une vision délicieuse, celle d'une femme frêle et gracile, au sourire doux, au geste mesuré : sa tunique de gaze légère voilait à peine ses formes aristocratiques et ses attaches fines qu'accentuaient des bijoux sertis de pierres.

Elle portait sur sa tête une coiffure faite d'un oiseau aux ailes abaissées. Avec quelle noblesse elle marchait en donnant la main à ses suivants. Jamais je n'oublierai le ravissant visage, la grâce chaste et timide de Nefret-ere-Mi-en-Mout, femme de Ramsès III, peinte comme d'hier, sur les murs de pierre de son hypogée.

EN ALLANT VERS LA VALLÉE DES ROIS

LA VALLÉE DES ROIS

L'excursion aux tombeaux des rois évoque d'autres idées et suscite d'autres réflexions que la vue des temples écroulés. C'est que la visite aux hypogées, encore revêtus de leurs peintures et de leurs inscriptions nous fait entrevoir les origines des religions primitives; elle nous rapproche de l'âme des premiers civilisés, de leurs aspirations, de leurs croyances sur la mort et sur l'au-delà.

Ici, plus de colonnades majestueuses, plus de portiques insolents : la nature s'est chargée du décor. Les Egyptiens eux-mêmes avaient bien compris que rien n'aurait pu ajouter à la majesté, à la sévérité du site qu'ils avaient choisi. Quelle région, mieux que celle-ci, eût été capable d'éveiller le sentiment du départ définitif ?

Des rochers jaune clair, cachant des trous creusés profondément, des galeries souterraines dont rien n'indiquait l'entrée, pas de fronton, pas de pylônes, des excavations brutes, longtemps ensevelies sous les effritements de la montagne et que maintenant les égyptologues ont mises à jour.

Plus d'allées de sphinx, mais un chemin caillouteux, au fond d'une vallée de quatre kilomètres, fruste, âpre, désolée et immense, s'enfonçant au revers de l'admirable colline rose que nous admirions de Louqsor.

C'était là, pour les Egyptiens, l'extrême limite du monde. C'était derrière cette chaîne de rochers que le soleil disparaissait chaque soir. L'âme humaine dont la course solaire était le symbole devait à sa mort rejoindre l'Astre-Dieu, dans la profondeur de l'Occident, pour le suivre dans l'*Amentit* et y accomplir sa destinée. Tous les morts de la vieille Egypte dorment donc dans la montagne du Couchant; ils sont ainsi plus près du but de leur dernier voyage : « La contrée de l'Ouest, la très grande et la très bonne. »

On a creusé pour eux ces demeures indestructibles qui ne périront qu'avec le monde : « Les temples et les palais des Egyptiens, a dit un historien grec, ont passé, car la vie de de l'homme est passagère, mais leurs tombes sont éternelles comme la mort. »

Rien n'est plus émouvant que cette route déserte, décrivant ses méandres entre deux pentes abruptes que fait flamboyer un soleil ardent; rien n'est plus désolé. Ce sont des masses solides, quelquefois elles sont taillées à pic, souvent arrondies en forme de tours, coupées de gorges escarpées et ombrées de bleu. Les lignes des crêtes sont harmonieuses, classiques et se détachent nettement; mais quel silence et quelle solitude !

Rien n'y pousse, ni un arbrisseau, ni même un brin d'herbe; partout la pierre nue et dorée, la pierre polie par le temps, par le frottement séculaire du sable impalpable que le vent du désert y apporte constamment. Seuls, quelques oiseaux donnent un semblant de vie à cette terre de mort, de rares alouettes huppées, les aigles fauves planant immobiles, des éperviers et des milans noirs décrivant des orbes majestueux dans le ciel couleur de turquoise.

Nous allons rapidement sur les cailloux où résonne clair le sabot de nos montures. Devant nous, un Arabe trotte, sa gala-

DANS LA VALLÉE DES ROIS

byé retroussée; armé d'une longue canne, il joue le rôle de *saïs*, et cela paraît l'amuser énormément.

Il fait s'arrêter et s'écarter de la route ceux que nous rencontrons. Ce sont de pauvres enfants qui, juchés sur des ânes étiques chargés de grosses cruches, s'en vont au Nil chercher l'eau des gardiens des tombeaux. Ils font toute l'année, et quatre fois par jour, ce monotone service, sous un soleil violent à faire éclater le crâne.

On cuit, en effet, dans cette vallée qui, tantôt s'évase en entonnoir, tantôt se rétrécit en un défilé où l'on passe l'un après l'autre. L'aspect morne et sauvage de ces lieux évoque le sentiment que nous sommes ici en présence d'une nature éternelle, puisque ici, l'homme n'a rien fait de visible : tout est resté tel qu'au jour où ces montagnes de cuivre en fusion virent, pour la première fois, défiler les cortèges funèbres des Pharaons.

Dans ce passage étroit, les rangs des soldats se sont dédoublés et la procession funéraire a dû s'arrêter. Ces rocs qui bordent le chemin ont été frolés par les armes et par les *calasiris* aux couleurs voyantes, par les peaux de tigre des prêtres et les robes de lin des porteurs d'offrande ou de trophées. Peut-être les bœufs ont-ils accroché à cette saillie le char portant la barque funèbre. Des foules innombrables et recueillies ont foulé ce sol de leurs pieds nus : et la montagne a renvoyé d'un ravin à l'autre jusque dans ses derniers replis, le son aigu des longues trompettes d'airain et les lamentations gutturales des pleureuses. Rien n'a changé du cadre depuis le jour où la dépouille de Sethos Ier vint occuper la tombe à laquelle les ouvriers les plus habiles avaient travaillé pendant cent cinquante ans. Rien n'a changé, et le spectacle du défilé fastueux s'évoque facilement jusqu'au moment où nous arrivons à l'entrée du cirque qui forme le fond de la vallée, et où sont réunis les hypogées royaux. Une barrière sévèrement gardée vient nous rappeler à la réalité du présent.

La première tombe que nous visitons est celle de Sethos Ier.

Un escalier rapide, aux murs très ornés, conduit à une série de chambres et de salles successives dont toutes les parois sont revêtues d'inscriptions et de bas-reliefs retraçant les préceptes du livre des morts et les innombrables scènes funéraires où les dieux, non moins innombrables, figurent dans leurs multiples occupations. Il est difficile de donner une idée de la profusion des décorations qui envahissent même les voûtes et les moindres recoins. Comment exprimer assez fortement la minutie dans la recherche des attitudes et des mouvements, l'ingéniosité de la composition, la perfection du dessin. La beauté des scènes représentées dépasse de beaucoup tout ce que nous avons vu ; ce n'est qu'à Abydos qu'on peut trouver d'aussi parfaites œuvres d'art.

Quatorze salles se succèdent : elle ne sont pas toutes terminées : sur une partie des murs, la pierre a été préparée et un artiste a tracé finement les signes et les tableaux qui doivent y être gravés. Quelle admirable sûreté de main, et quelle délicatesse de touche ! Tout ce travail a été fait au pinceau, ou peut-être avec un roseau fendu, mais il n'y a pas dans tout cela un repentir, une retouche, une bavure, une hésitation, et cependant on sent la main de l'artiste, on distingue les points où il a dû reprendre de la couleur. Ce tracé semble d'hier.

A côté, on a commencé à creuser une porte, l'ouvrage est resté en suspens ; l'arête est vive, nette et fraîche. Quand on songe que ces ouvriers et ces artistes ne connaissaient pas le fer, que ces travaux si délicats et si minutieux ont été exécutés à soixante mètres sous terre à la lueur douteuse de lampes primitives, et dans un atmosphère enfumé on sent qu'on pénètre dans le domaine de l'inexplicable.

C'est à la clarté de la lumière électrique, d'ailleurs judicieusement répartie, que nous arrivons jusqu'à la dernière salle, à plus de cent mètres de l'entrée, dans le caveau funèbre aujourd'hui vide et qui, non plus, n'est pas terminé.

Ainsi nous avons visité de nombreuses tombes royales et nous avons suivi, sur les rochers, les rites compliqués de la vie de l'âme dans l'*Amentit*. Mais le caveau d'Aménophis II nous réservait une surprise inattendue, une émotion impérissable.

Ce monarque subtil avait usé des plus rares stratagèmes pour que sa tombe restât ignorée. Le premier escalier, qui s'enfonce en pente raide dans le roc, aboutit à une vaste salle, profonde comme un puits. Lorsque les archéologues y arrivèrent, ils ne purent réussir à trouver la sortie des galeries et y perdirent leur temps et leur science. Un Arabe ignorant la découvrit par hasard du côté opposé à l'entrée. C'est là que

LES ÂNIERS POUR LES RUINES DE THÈBES EN FACE DE LOUQSOR

nous traversons, sur une passerelle, cette sorte de gouffre et que nous gagnons les couloirs intérieurs à travers le roc brut et vierge de toute décoration. Nous arrivons enfin dans une vaste salle assez semblable à toutes celles qui précèdent les chambres funéraires, c'est-à-dire qu'elle est soutenue par des colonnes taillées dans la masse, mais où pas un pouce des parois n'a été oublié par les décorateurs.

Sur les piliers, Aménophis, en présence des dieux aux formes étranges, aux gestes anguleux et péremptoires, se détache sur un fond jaune d'or. Sur les murs, Aménophis encore, accomplit des faits d'armes éclatants, se livre à des occupations pacifiques; toujours les dieux l'accompagnent. Ils défilent noblement au milieu des cartouches hyéroglyphiques et des sentences du livre de l'Hadès. Tout cela est encore d'une extraordinaire fraîcheur; pas une fente dans toute cette peinture, pas une éraillure, pas une écaille; les couleurs ont conservé leur éclat primitif, et les barrières de bois qu'on a placées là pour prévenir le contact des indiscrets, nous donnent l'illusion d'échafaudages oubliés par des ouvriers à peine partis.

Nous allons doucement, admirant toutes ces choses dont la plupart sont des énigmes pour nous, lorsque nous arrivons à l'extrémité de la chambre, au haut des quelques marches qui mènent à la chambre funéraire.

Quel tableau saisissant ! Là, devant nous, à quelques mètres, Aménophis lui-même nous apparaît, étendu dans un sarcophage de granit rose. Les mains croisées sur la poitrine, sur laquelle demeurent encore quelques bouquets flétris, il dort depuis trois mille ans son dernier sommeil. Une lampe illumine son visage desséché, où se lit encore la majesté hautaine du prince tout puissant devant lequel ont tremblé des milliers d'hommes. Nous le regardons, muets et recueillis; il nous semble qu'il va s'éveiller et qu'il va, d'un geste, chasser ces intrus qui lui refusent même la paix du tombeau.

O roi des deux Egyptes ! O seigneur des diadèmes ! Maître de Justice ! Horus vivant et vainqueur, Aménophis pacificateur ! O Dieu grand, puisqu'ainsi on te nommait, pourquoi des artistes si habiles ont-ils, pendant plusieurs générations, creusé pour toi la roche vive et gravé sur le mur indestructible tes effigies et tes exploits ?

A quoi donc ont servi tant de soins pour cacher ta dernière demeure ? A quoi bon ces infinies précautions pour soustraire ta dépouille sacrée aux profanations des hommes ?

Pour qu'un jour, des touristes indifférents, des Anglais de Cook, pussent venir braquer leur kodak sur ta face divine qu'éclaire une seize-bougies.

ON TRAVERSE UN BRAS DU NIL.

LE JARDIN DU COPTE

De la vallée des rois au Nil, la route, dès qu'elle a quitté les cailloux de la montagne, devient remarquablement poussiéreuse. La route, c'est beaucoup dire; ce chemin n'est qu'un sentier où nous allons à la file indienne. Le Nil n'est pas arrivé, cette année, jusque-là; nos ânes butent dans cette terre brune et friable, et comme, malgré nos protestations, nos âniers les excitent à la course, nous galopons au milieu de tourbillons de poussière dont le dernier de notre bande accapare la plus belle part.

Le soleil est ardent et chaud, la promenade paraît longue; elle n'est rien moins qu'agréable, même lorsque nous avons quitté les champs pour courir sur la levée d'un grand canal aussi sec que le reste. Ici, la voie est plus large, nous pouvons nous grouper pour laisser notre nuage derrière nous.

Saïd Tanius, notre bon drogman, nous propose une halte. Il connaît, dans ce désert, un jardin, un vrai jardin, avec des arbres et de l'ombre, où nous pourrons prendre quelques instants de repos.

Il nous montre, à peu de distance, au milieu de la plaine, un bouquet de palmiers, un îlot de verdure; des constructions s'y devinent que surmontent, comme partout ici, ces pigeonniers en forme de tours carrées, piqués de branches mortes formant perchoirs. C'est là l'oasis promise et jamais caravaniers épuisés ne virent arriver avec plus de plaisir la halte souhaitée.

Un instant de repos dans ces vertes campagnes

serions-nous tentés de chanter si les dites campagnes étaient plus vertes, mais elles le sont si peu ! Du moins autour des énormes lebbakhs, sous lesquels nous mettons pied à terre.

Un porche nous reçoit, une haute voûte sombre et sale, assez semblable à toutes celles qui servent d'entrée à nos grandes fermes. Des deux côtés de l'entrée, des hommes accroupis nous regardent, fumant ou rongeant de la canne à sucre. Des serviteurs arrivent empressés, puis le maître, presque obséquieux, qui tient à nous faire les honneurs de chez lui. L'ami de Tanius est un copte d'âge moyen, sec et ridé, l'œil vif, attentif et rusé, vêtu couleur de terre... et sale !

Mais quel enchantement que son jardin, planté sans ordre, envahi par les branches mortes et les herbes folles ! Quel ravissement et quelle transition ! Nous avons passé de la lumière aveuglante à l'ombre douce et bleuâtre des arbres très feuillus. Au long des allées que nous suivons tout doucement, des orangers, des citronniers plient sous le poids de leurs fruits; ils nous font une voûte de feuillage sombre et lustré. De hauts dattiers les dominent de leurs palmes opulentes et touffues, formant au-dessus d'eux des coupoles très hautes.

Et partout... à terre, le long des bois morts qui étayent les branches trop chargées, aux troncs des orangers et des palmiers, partout, montent, grimpent, s'accrochent et se contournent des rosiers fleuris qu'une brise très légère effeuille sur notre passage.

C'est un paradis que ce jardin ! L'odeur capiteuse des fruits dorés, le parfum doux et subtil des roses, celui plus énervant des cassies, nous enveloppent et nous grisent presque.

Dans l'entrelacement des branches, les oiseaux volètent, des tourterelles roucoulent, des huppes familières viennent en sautillant tout près de nous, et des guêpiers vert et jaune, suspendus au bout des palmes, nous regardent curieusement.

Le maître du jardin a voulu nous faire largesse : il a cueilli ses fruits les plus mûrs et ses plus belles roses. Il paraît sensible à nos remerciements, mais davantage encore à notre joie, à notre admiration. Il est très fier de son verger fleuri et parfumé, et orgueilleux de le montrer.

Nous nous arrachons difficilement aux charmes de cet Eden, d'autant plus séduisant qu'il a surgi presque subitement en pleine aridité.

Depuis le matin, nous avons trotté dans le sable et dans la pierraille, sous la réverbération des blocs dorés de la montagne ; nous avons visité les tombes royales, nous nous sommes laissé imprégner de la tristesse des lieux choisis par les Pharaons pour leur nécropole. Nous avons assisté, dans de profonds souterrains, à tous les rites funèbres, et même, nous avons vu, couché dans son cercueil de granit, le roi des deux Egyptes : Aménophis II. Rien ne pouvait mieux nous préparer à une promenade parmi les fleurs et les oiseaux, à l'ombre transparente et fraîche des arbres verdoyants.

C'est pour cela que notre visite au jardin du copte laissera dans notre âme un délicieux souvenir, une impression ineffaçable de calme et de repos. Mais quoi ? Ce qui importe, n'est-ce pas ce que nous avons ressenti, et les choses ne sont-elles pas, bien souvent, belles seulement de la beauté que nous leur donnons ?

UN CANAL A ISMAILIA

PORT-SAÏD ET ISMAÏLIA

Après avoir dévotement pèleriné aux pyramides, aux temples en ruines et aux hypogées, après avoir pieusement recherché sur les bords du fleuve sacré et dans les replis de la chaîne Lybique, les derniers vestiges de la plus grande et de la plus ancienne des civilisations; après avoir senti vibrer au Caire l'âme de l'Islam et goûté le charme d'un orientalisme presque outré, il nous fallait, avant de quitter la terre des Pharaons et des Kalipes, dire un adieu à l'Œuvre française.

Si partout, en Egypte, l'empreinte de notre pays se retrouve à chaque pas, de Port-Saïd à Suez, c'est vraiment la France qui vivifie le désert sur l'artère qu'elle a créée, et qui a ouvert aux nations de l'Europe la dernière porte sur l'Orient.

Port-Saïd nous attirait, Port-Saïd la ville neuve, comme improvisée à l'entrée du canal, immense boulevard maritime, énorme parc à charbon, ville d'affaires où tout est consacré au travail.

VILLAGE FELLAH PENDANT L'INONDATION — Photo [illegible]

Le train qui nous a pris au Caire arrive de nuit à Port-Saïd, assez tard. Depuis la tombée du jour, nous longeons la berge du canal et le paysage a disparu. A la clarté des étoiles, on distingue faiblement sur la gauche, des dunes basses, incultes, ou de vastes étangs. A notre droite parfois, passe une illumination, un projecteur électrique et des rangées de lumières trouant une masse noire. C'est un navire qui suit le canal à petite vitesse. Plusieurs se succèdent ainsi, à distance respectueuse, car la voie n'est pas large et les fonds sont changeants.

A l'arrivée, après le brouhaha des gares, nos voitures nous emportent au galop dans les rues non pavées, quelquefois ombragées d'acacias et bordées de maisons basses à balcons de bois. Des cafés assez animés se chargent d'éclairer les avenues; la vie paraît active à cette heure d'apéritifs, mais combien loin de cette extraordinaire animation vespérale du Caire !

Au jour, l'aspect est morne; c'est bien plutôt un campement qu'une cité; les maisons ne semblent là que provisoirement, attendant qu'on les démonte pour les transporter ailleurs. Vers la mer, cependant, les grands immeubles que domine le phare donnent à cette partie de la ville une apparence de définitif; mais cela détonne au milieu du reste.

La plage, très belle, où la mer vient battre constamment, ressemble, avec ses cabines bariolées, à toutes les plages des bords de l'Océan. L'air y est frais, le vent du large sec, car nous sommes à la veille de la Noël. Nous voilà loin d'Assouan et de ses trente degrés à l'ombre.

Le village arabe est sale, sordide, malodorant selon l'usage. Ses petites maisons sont toutes penchées, accroupies, tassées, vacillantes ; elles paraissent tenir par miracle, s'étayant mutuellement, on voit bien que si l'une d'elles venait à tomber les autres suivraient en dégringolade, comme des capucins de cartes.

La ville commerciale repose les sens offusqués; il y a plus de mouvement et moins d'odeurs sous les larges balcons de bois des rues du Commerce ou du Port, que bordent les vitrines de marchands de cartes postales, de japonaiseries et de tabac, devant lesquelles on flâne volontiers, ce qui vous amène tout doucement au port, sur le quai François-Joseph, que longe l'interminable grille de la douane. Mais le chaouch qui veille à chacune des portes de fer nous a laissé cependant la franchir sans difficulté.

Un canot automobile nous fait parcourir les bassins; nous frôlons, en passant, la coquette résidence de l'*English Navy*, puis l'énorme bâtiment qui abrite les bureaux de la Compagnie de Suez, beau monument aux coupoles arabes coloriées,

LA STATUE DE FERDINAND DE LESSEPS A PORT-SAID

d'un art un peu lourd peut-être, mais d'aspect cossu et confortable.

Il y a, aujourd'hui, une grève de charbonniers. Les navires, pressés les uns contre les autres, attendent de pouvoir faire leur combustible pour poursuivre leur route. Notre petit bateau se faufile adroitement au milieu des steamers à l'ancre, des remorqueurs qui gagnent la haute mer, des grandes dragues qui se déplacent lentement, des bateaux pêcheurs que la brise couche sur le clapotis. Nous croisons des chalands pesamment chargés. C'est l'affairement incessant de tout grand port, et ici, le grand port est une voie où convergent toutes les routes vers l'Orient.

Sur la rive opposée, nous sommes en Asie; une petite locomotive y traîne avec bruit un petit vagon sans luxe, mais fermé au vent aigre. Nous roulons, un peu cahotés, sur la plaine de sable coupée de flaques d'eau. De petits tas de bûchettes alignés par milliers pointillent seuls la terre. C'est vers ces abris factices que courront les cailles pour s'abriter, lorsque, au moment de la migration, elles aborderont; on n'aura qu'à se baisser pour les prendre.

Le but de notre excursion est aux Salins de la Salt Association, immense exploitation de cinq à six cents hectares, et qui s'étend chaque jour, puisque cinq mille hectares sont concédés à la Compagnie. C'est, au milieu du désert le plus plat et le plus ras que l'on puisse imaginer, une usine bourdonnante où vont et viennent, avec un bruit de ferraille, les petites locomotives et les vagonnets parmi les meules de sel blanc.

Une seule habitation égaye la nudité de cette plaine, une maison coloniale. Nous y sommes reçus en amis par des hôtes exquis. Quelle sensation bizarre de nous trouver ainsi assis autour d'un thé élégamment servi dans un coquet salon moderne, tandis qu'au dehors la vue peut s'étendre sans obstacle jusqu'à l'horizon !

La charmante maîtresse de maison supporte avec sérénité un exil volontaire et trouve tout naturel d'habiter, en sentinelle perdue, loin de tout et de tous. La tristesse de ces lieux ne l'a même pas effleurée. Puissance de la bonté et de l'amour du travail utile. Et combien prendra de valeur, ce soir, la pincée de sel que nous mettrons, à dîner, au bord de notre assiette !

Dîner ! Cruel souvenir ! Par quelles hardies combinaisons culinaires le chef (!) de notre hôtel (first class hotel, S. V. P.) a-t-il pu réussir à ne pas nous donner, en quatre ou cinq repas, un plat qui ne fût écœurant ? Comment ne sommes-nous pas morts de faim, en ces deux jours ? Cela n'a pas peu

EN REMONTANT LE NIL, VENT ARRIÈRE

contribué à nous laisser de Port-Saïd une impression désastreuse.

Port-Saïd, d'abord, n'est pas gai. Oh non ! Ce n'est pas une ville d'amusement. Les distractions ne paraissent pas y abonder. Seul, un théâtre illuminé nous sollicite : on y montre, hélas ! un cinématographe ! Sur le quai, dans un café en plein air, la voix vinaigrée d'une chanteuse trop blonde déverse dans les oreilles de consommateurs distraits, et d'ailleurs peu nombreux, des refrains resassés. Nous préférons nous en aller, dans cette nuit claire de Noël, jusqu'au bout de la grande jetée, au pied de la statue de Ferdinand de Lesseps, saluer le grand Français qui, d'un geste noble, montre aux navires venant du large l'entrée du canal.

Dans l'air limpide, des étincelles s'allument partout; des balises illuminent la mer de feux rouges et verts que croisent ceux des remorqueurs. Au loin, lentement bercé par la houle, un grand navire tout étincelant s'avance à petite vapeur; c'est le Péninsulaire annoncé pour cette nuit.

Nous perdons patience à l'attendre, et nous voilà désœuvrés, traînant les pieds sur les quais ou dans les rues crevassées, musant à la terrasse de notre hôtel, pour tuer le temps en attendant minuit.

A minuit, grand'messe chantée dans une église desservie par des prêtres italiens. Affluence considérable et recueillie, pompe adéquate à la solennité du jour. Chœurs d'hommes, d'ailleurs excellents. Nous n'avons pas même échappé au *Noël d'Adam*, chanté en français. Mais tout cela finit à deux heures du matin.

On comprend que, à cette heure-là, un réveillon n'était pas de trop. Nous y apprîmes, à nos dépens, que les huîtres de Port-Saïd ne sont qu'une indigne plaisanterie; mais le reste nous permit de nous rattraper tant bien que mal des extravagances culinaires de l'X... hôtel.

Au matin, nous avons quitté Port-Saïd de bonne heure. La ville étant bâtie entre le canal et le lac Menzaleh, dès la sortie de la gare, la voie longe cette immense nappe d'eau, où vivent des milliers d'oiseaux aquatiques.

Devant le train, des volées de chevaliers, de bécasseaux, d'avocettes s'élèvent en tourbillonnant : puis reviennent, après quelques évolutions rapides, se poser sur le sable. Plus loin, rangés en longues lignes, les flamands brodent de rose le bleu de l'étang; des bandes de pélicans gris sale s'agitent sur place; des foulques, des canards de toute espèce voguent doucement ou décrivent en vols nombreux d'immenses cercles avant de disparaître dans l'éloignement.

DANS LES RUES DE PORT-SAID

Quel paradis pour les chasseurs que nous sommes ! Hélas ! le temps nous presse et le train nous emporte; le lac Menzaleh disparaît, pour faire place à des dunes de sable émaillées de rares bouquets d'arbres, jusqu'au moment où nous arrivons à Ismaïlia...

M. de Lesseps avait rêvé de faire d'Ismaïlia la capitale,— si on peut dire — du Canal de Suez. Il pensait que cette petite oasis, située à égale distance des deux points terminus, était admirablement placée pour présider aux destinées de sa gigantesque entreprise. Aussi la Compagnie y a-t-elle exécuté des travaux considérables, des plantations très importantes, qui ont fait d'Ismaïlia un parc délicieux. Port-Saïd n'en est pas moins devenu la ville-mère du Canal, tandis qu'Ismaïlia est restée la capitale maritime, le séjour et le point de ralliement de son haut personnel marin et de ses pilotes. Avouons que ces messieurs sont encore les mieux partagés.

LA PLAINE INONDÉE (Effet du soir)

Ismaïlia n'est qu'un grand parc admirablement tenu, soigneusement peigné et ratissé, mais que le sable envahit cependant peu à peu. Sous les hautes futaies de palmiers, de lebbakhs et de filaos se cachent de splendides villas habitées par les chefs de service de la Compagnie. Elles n'ont rien d'oriental, et si j'osais, grâce à ces architectures déjà vues, à ces balcons de bois où fleurissent, en cette fin décembre, les clématites et les rosiers, c'est à Arcachon que je comparerais la perle du Canal... Peut-être à cause du sable et des dunes dorées que nous apercevons dans le lointain.

Notre voiture roule sans bruit sous d'épais acacias, sur le quai Mehemet-Ali, jusqu'au palais du vice-roi, belle demeure enfouie dans la verdure. Près de l'ancienne Villa de Lesseps, nous nous arrêtons devant un jardin public où l'on ne nous permet pas d'entrer, où, des massifs tout fleuris, émergent quelques blocs de granit, un Ramsès II (naturellement !), une stèle, un lion à tête humaine, c'est tout ce que nous retrouvons de la vieille Egypte, quelques débris exhumés non loin de là, à Pethom.

Ces beaux arbres, ces jardins couverts de fleurs, ces effluves capiteux, ces futaies ombreuses du Jardin public et du Bois de Boulogne, c'est tout Ismaïlia assise au bord du lac Timsah, toujours calme, et où, en ce moment, se reflètent les collines rosées et arides qui le bordent dans l'Est. C'est sur l'une d'elles, dit-on, que vint se reposer, lors de l'exode, Marie sœur de Moïse ; mais il y a si longtemps !

J'ai conservé de cette trop rapide visite un souvenir précieux. C'était, vous le savez, jour de Noël, si cher aux cœurs français, et c'est dans un intérieur français que j'ai célébré la fête de famille. Je n'oublierai jamais ces instants de complet repos du voyageur pressé, dans la petite maison d'Ismaïlia, si fraîche, si coquette, au milieu de braves gens qui, loin de France, concourent, dans leur cercle modeste, à la grande œuvre française. Ce n'est pas sans émotion que je quittai ceux qui avaient si cordialement fêté l'hôte fugitif, et vers lesquels je compte bien revenir un jour.

Inch Allah ! S'il plaît à Dieu !

STROMBOLI VU EN PASSANT

RETOUR

Nous avons aperçu quelques jours après, au-dessus de la mer convulsée par le mistral, et sous le ciel pur, les côtes argentées de Provence. Notre promenade en Egypte était finie, tout ce que nous avions ressenti sur l'autre continent était dans le passé.

Nous avions vu trop de choses et trop rapidement, pour avoir eu jusque-là le temps de penser; mais après deux jours de mer, la multitude et la diversité des impressions qui s'étaient entassées dans notre esprit commençait à se classer, à se coordonner.

Encore écrasés par l'immensite du temps au travers duquel nous avions pour ainsi dire évolué, encore ahuris par la prodigieuse antiquité et l'énormité des monuments pharaoniques, ayant encore presque sous les yeux les admirables œuvres d'art de ces civilisations si reculées, nous commencions cependant à voir clair dans nos âmes et à retirer quelques fruits de cette trop brève, mais inoubliable excursion. Qu'avions-nous rapporté de là-bas ? Un fort bagage de souvenirs, mais en somme rien qui pût nous donner sujet de nous enorgueillir.

A côté de ces temples dont les colonnades persistent après tant de siècles, à côté des pyramides de Gizeh, de celles de Sakkhara, du Sphinx, dont l'âge est incalculable, qu'étions-nous donc ?

Les futaies de pierre de Karnak et de Louqsor sont encore debout, les colosses de Memnon froidement assis au seuil de la montagne dorée sont toujours là. Combien de générations les ont effleurés, et combien la vie humaine paraît éphémère à côté de ces ruines, à côté de la fière montagne qui abrite les royaux hypogées et qui, depuis des milliers et des milliers d'années, regarde à ses pieds couler le Nil.

Que sommes-nous donc au regard des temps, même des temps connus, nous qui ne sommes rien au regard de l'espace ?

Que serons-nous, même lorsque trente siècles auront passé sur nos os ? Poussière, et que poussière ! Et peut-être, à ce moment-là, d'autres touristes continueront-ils à défiler devant les momies de Séti et d'Aménophis, figées pour toujours dans leurs poses hautaines.

Combien le temps emportera-t-il encore de générations avant que s'effacent les peintures et les reliefs des temples et des tombeaux ? Avant que disparaissent ces merveilles d'art qui ne peuvent nous prouver qu'une chose, c'est que notre art à nous ne peut décidément se glorifier d'aucun progrès.

Depuis quatre mille ans nous n'avons, là-dessus, rien gagné, ayant, au contraire, perdu la simplicité d'âme qui fait la simplicité de conception, ayant perdu la foi qui fait la grandeur et la beauté des œuvres.

Sommes-nous plus grands aujourd'hui ? Nos évolutionnistes, nos modern-stylistes seraient-ils capables de nous donner la force d'évocation, la puissance, la noblesse de lignes des colosses de Memnon, des statues royales du musée du Caire, la grandeur effarante des pylônes et des colonnades de Karnac, de Louqsor et d'Edfou, la grâce des obélisques ou du kiosque de Philæ ? Et quand nous admirons les chefs-d'œuvre de notre art décoratif, pensons-nous sérieusement que cela pourrait soutenir la comparaison avec les étonnants bijoux du trésor de Darchour ?

A ne considérer notre excursion qu'à ce point de vue, la vieille Egypte ne nous aurait donc apporté que de tristes réflexions. Mais il y avait l'Egypte moderne, l'Egypte des mosquées où l'on prie dans la pénombre que trouent les rayons des vitraux ; il y avait la vie intense des rues étroites et encombrées d'une foule bariolée et si vivante; il y avait le paysage.

Il y avait le Nil large et calme, couvert de bateaux hautement voilés, les plaines inondées, les futaies de palmiers vert bleu, les villages tapis dans le feuillage, les jardins parfumés de roses et de cassies, les champs couverts de cultures. Et puis la lumière, le sable impalpable et brillant ; les collines roses, dorées ou mauves ombrées de bleu. Il y avait le ciel couleur de turquoise où planaient les aigles et les éperviers ; et les grandes et belles lignes de l'horizon derrière lesquelles le soleil se couchait dans un flamboiement ; il y avait les longs crépuscules de pourpre que l'on aurait voulu éternels.

Il y avait aussi le peuple, les braves gens, les fellahs calmes et doux, durs à la besogne, toujours courbés sur la glèbe ; les théories de femmes, brunes tanagras, aux gestes nobles, s'en allant sveltes et fières le long des rives dans la brume violette du soir. Il y avait tout l'Orient.

Il y avait tout cela, mais tout cela passera. Cet Orient se modifie tous les jours et se civilise. A côté des minarets amoureusement ouvragés et des coupoles ciselées, se dressent des cheminées fumeuses; de grosses usines bourdonnent sur la berge du fleuve saint. Au Caire s'élèvent des immeubles modernes, se percent de larges rues où ronflent les automobiles, où le veston européen frôle trop souvent le caftan de couleur.

Tout sera complètement modernisé bientôt, mais les Pyramides n'auront pas pour cela une pierre de moins, et le Sphinx, émergeant toujours de son lit de sable, conservera malgré tout son énigmatique sourire.

TABLE DES CHAPITRES

Pages

TABLE DES GRAVURES

www.ingramcontent.com/pod-product-compliance
Ingram Content Group UK Ltd.
Pitfield, Milton Keynes, MK11 3LW, UK
UKHW022114190726
13855UKWH00002B/853

9 782012 936195